本庄 清

JN178176

全国13万人 年商1000億円

ポーラレディ 頂点のマネジメント力

講談社+α新書
プラスアルファ

序章
清と書いて〝さやか〟と申します。

はじめまして。皆さん、どこのおばちゃん、あ、おばあちゃんかしら、が出てきたの？とお思いでしょ。ポーラプレジデント グランドグループのグランドオーナー、本庄清（ほんじょうさやか）と申します。きよし、じゃありません。さやか、です。女です(笑)。最近は、年賀状なんかには〝本庄さやか〟って平仮名で書くんです。こないだ新しく入った美容部員さんに、〝本庄清〟と書いて手紙を出したら、嫉妬深い旦那さんが私のことを男性と勘違いして、大変で。めっちゃ怒った旦那さんがお店にやってきて「きよし出せ〜、きよし出せ〜」と大騒ぎ。困りました。役所なんかでも、「旦那さんの名前でなくてご本人ですか？」ってよく聞かれます。あんまりよく聞かれるから、「実は女装しているんですよ」なんて冗談を言ったりもします。そうすると、女装を信じた役所の人が「ほんとにキレイに女装してはりますな～」って目をテンにして感心したりして（笑）。正真正銘、女ですよ。今、76歳です。ポーラの仕事は32歳から始めたので、かれこれ44年のポーラ歴です。ポーラを始める少し前、30歳の頃に真ん中の息子が幼稚園で描いた似顔絵には、なんとバッチリ顔に大きなシミまで描かれてました。先生には「細かいところまで描写ができる素晴らしいお子さんで」って褒められたけど、あれは女ごころにショックでしたね～。そんなこんなでポーラの化粧品に出会って、そこからいろいろあって、働かせてもらうようにもなって。ご縁があったということでしょうか。

ポーラでは、私の組織は「プレジデント　グランドグループ」と呼ばれています。簡単に言うと、全国のグランドグループの中でも大きい組織なので、「プレジデント」ってつけてくれているわけです。立派に聞こえるやろ（笑）。傘下には１００店舗近くのお店があり、それぞれに美容部員であるビューティーディレクター（前はポーラレディと呼ばれていました）と、店長であるショップオーナーがいます。この仲間たちが私の宝。

ポーラをご存じない皆さまには少々分かりづらいのですが、中心となるショップ名をとって「松塚」グランドグループと呼ばれているグループのトップに私がおります。そして、私の直下でこの組織の発展をともに支えてくれる、企業さんで言えば「役員」のような存在の人が9名います。彼女たちも私と同じ、グランドオーナーと呼ばれます。その先の100店舗近くのお店のショップオーナーは、言ってみれば「部長」のようなもんでしょうか。でも、普通の企業さんと少し違うのは、この「部長」のような、と言ったショップオーナーは、自分のお店を自分自身の裁量で経営する個人事業主です。ポーラの仕事は女性の社会進出をものすごく考えていて、学歴や年齢に関わりなくチャレンジできる仕事です。以前『美婆伝《びばでん》』（土本真紀著・講談社）という本でも話題にしていただきましたが、90歳以上でポーラの仕事に関わる私の先輩たちもなんと669名もいらっしゃるんですよ（2016年3月現在）。

具体的に私の組織の規模ですが、月商1・5億円強、年商約18億円という数字が一番分かりやすいでしょうか。この規模はポーラ始まって以来初の快挙、ということでよく本社の方々にもお褒めいただいています。前人未到、らしいです。大きな企業から見たらちっちゃい数字かもしれませんが、一つ数千円の化粧品や、一回数千円のエステを丁寧に丁寧にお届けすることでこれだけの組織ができるというのは、我ながらものすごいことだと思ってます。私の仲間たちと私は、「2年後の2018年に月商2億円達成」を目標にしてます。そのための具体的な計画もしっかりと立てています。

この本では、私がこれまでにいろんな方々にお世話になって、教えていただいて、導いていただいて、そうやって一つひとつやってきたことを具体的にご紹介させていただきます。私はこれまで一直線にポーラの仕事を頑張ることで、本当に幸せな人生を送ってきました。まだまだ、月商2億円という新しい景色を見られるまでは頑張りたいと思っていますが、後に続く世代に伝えて何か恩返しをしていけたらなぁとも思ってます。私のすべてをさらけだしますので、何かちょこっとでも、皆さまのお仕事のお役に立てたら、ものすごいハッピーです。

図　ポーラ ビューティーディレクターから
グランドオーナーへの道のり

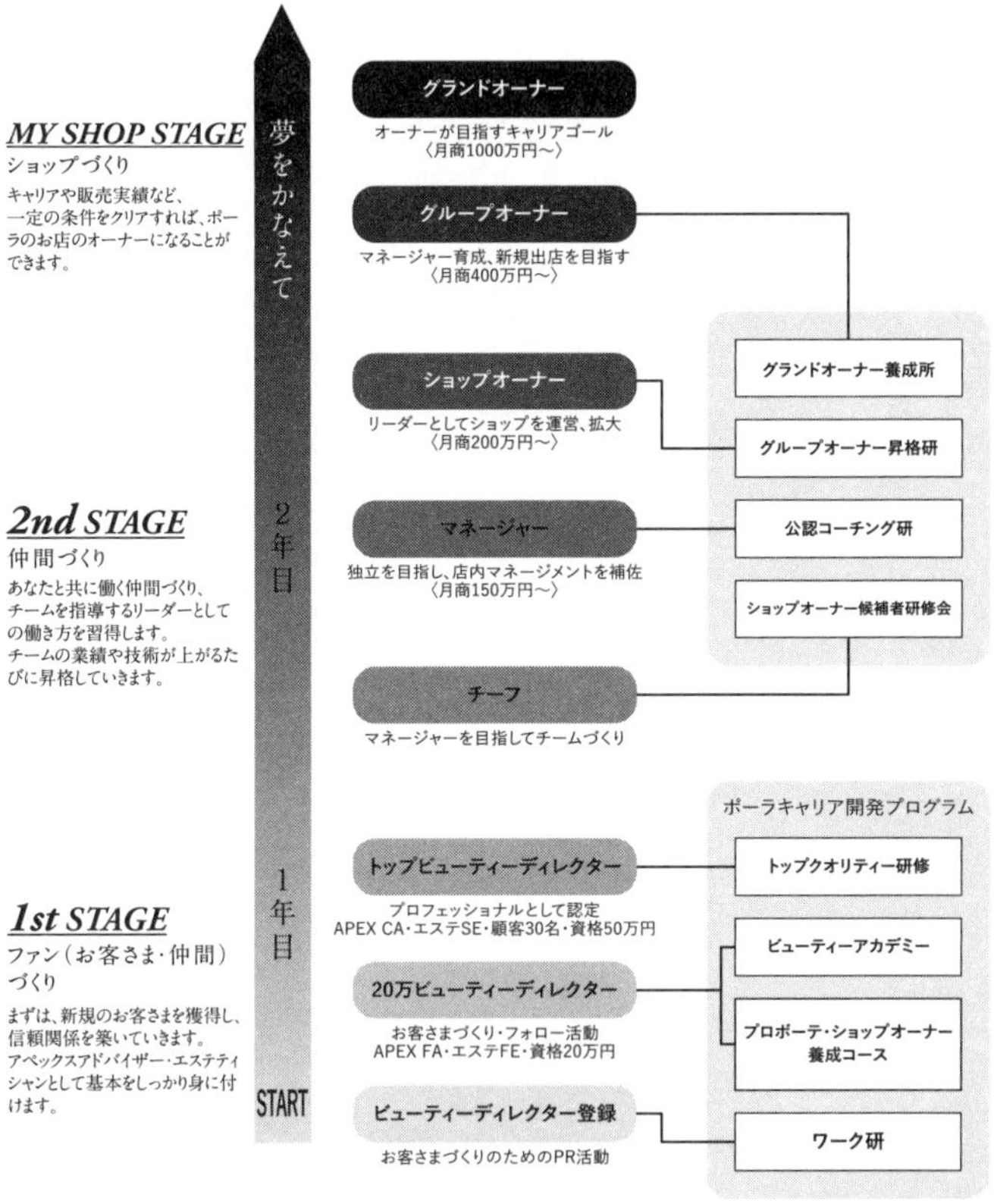

ポーラには、ビューティーディレクターへの登録をスタートにして、経験やレベルに合わせた研修システムで、ショップのオーナーになるまでの道のりを最短距離で応援していくプログラムがある。ビューティーディレクターは個人事業主として独立した存在だが、ポーラがバックアップするので、仕入れ資金の心配もなく、小さな投資で自分のショップを持つことができる。さらにショップのランクを確実に上げていくと、収入が増えていき、本庄さんのようなグランドオーナーを目指すこともできる。

◉目次

01/25

腹に決める。

腹に決める、というのは私がいつも仲間のみんなに話すこと。ここまでやるねん！って腹に決めたらそれが行動に伝播する。腹に決めて、**精一杯、一生懸命やったら必ず、絶対に、扉が開けます**。これはホントにホントです。

私がこの仕事を始めたのは32歳の頃。実はね、娘の髪が坊ちゃん刈りに刈られてしまったのがきっかけです。末っ子の娘がすごく元気な子だったんだけど、ある日散髪屋さんでなぜか坊ちゃん刈りにされて帰ってきて。あの頃は家計の余裕もなくて、節約しなきゃならないから、盆と正月の2回だけ、ボーナス散髪で子どもを散髪屋さんに行かせてたんです。その時、娘は兄ちゃんのお下がりの、ブルーの縞々《しましま》Tシャツを着て、ブルーのウルトラマンの靴を履いてました。そしたら男の子の髪みたいに刈られて帰ってきた。娘は3歳、ホントかわいい盛りです。え――――っと思って「女の子ですねん！」て文句を言ったけど、もう遅い。直らへんやん。切った髪の毛は元に戻らん。そしたら散髪屋さんには「すみません、タダにしときます」って言われて、それはラッキーと思って帰ったんやけど、次の日から周りのみんなに「R子ちゃん男やんかー、男みたいー」と娘がからかわれました。当然やわね、坊ちゃん刈りやからね。公園に行っても笑いもの。でも、それを知らんと娘は天真爛漫に遊んでる。もう親としてはたまらん。可哀想で可哀想で。それで、だんだん娘と一緒に出かけられんようになって、家にこもっていたんです。ふと、なんでこんなことになったんやろって思って。3歳のかわいい盛りの娘を家にとじこめて、親子でじっとしてるなんて親の責任や。男の子の服を着せていた私の責任。よし、そしたら仕事して女の子の服を買って着せよ。よっしゃー、絶対に買うで。そう腹の底で決めて、ポーラの仕事をやっていた母に話したんです。これが私がポーラを始めたきっかけです。

すぐ、娘の服を買えるようになりました。目標達成です。そうこうしていたある日、今度は、仕事中に一緒に連れまわしていた娘が迷子になりました。とにかく真っ青になって探しました。すぐ見つかったけれど、3歳の女の子を迷子にさせたことにものすごく責任を感じて、こんなことしていてはあかん。どうしても辞めないとあかんと思ったんです。そしたら母に「お店を作ればそこに商品が届くし、お客さまに届ければいいだけだから、お店にしたら」って言われて。あーそんなやり方があるのか、とお店にさせてもらったんですが、もう娘の服も買えて特に新たな目標もなかったし、売り上げはどんどんどんどん下がっていきました。辞めようと思ってたから売り上げが下がってもな〜んともなかったし、悩みもしなかった。

結局、営業会議で私を含めて成績が悪いワースト3人がお灸をすえられたんですが、同じ会議に出席していた母がメソメソしくしく、泣いて泣いて。「やる気がないなら辞めなさい」と上の人に叱られている私の姿を見て、母が「ちょっとだけ待ってください、すみません、すみません。ちゃんと話しますから」って頭を下げるんです。それを見て、あ、ここだけは我慢しよ思って。とにかくじっと耐えました。目に涙がぽってりぽってりと溜まってくるけど、絶対に出ないようにこらえて。私が辞めたら母はずっと「娘さんは、ポーラをやってみたけどダメやったな」って言われ続けるし、母が誇りに思っているポーラの仕事なのに、それを私が壊したらあかん。とにかくそんな思いになりました。母がこんなに泣いて、こんだけ悲しいんやったら、何をしたら喜ぶんやろ。母が喜ぶことやったら何でもしよう。絶対にしよう。母を喜ばすんや。この時そうやって、ポーラを仕事として真剣にやることを、腹に決めたんです。

そしたらとたんに、流れが変わった。思いもよらないタイミングでいい仲間と知り合えたり、うまく活動できたり。ものすごい勢いやった。ほんまに、この日から半年でまるで変わったんです。別に私の才能が急に開花したとかそういうわけでもないのに。変わったことといったら、本気で腹に決めただけです。**腹に決めると、なんだかもう、不可能がな**

くなるんです。びっくりしました。

皆さんの中でも、そういう経験ってありませんか？　だからね、子育ても部下を育てるのも、「自分自身で腹に決めることを促す」という視点で考えてみたらうまくいくと思うんです。お母さんやお父さんがガミガミと「こうしろ～ああしろ～」って話しても、それは小言にしかならないし、逆に反発されるだけ。部下に「目標どおりにとにかくやるんだ」と熱く語ったところで、上司が勝手に盛り上がっているだけじゃ白けるだけです。子どもや部下が、自分自身で何かを腹に決める手助けをする。うまく誘導する。子育てなら、「私はこれをやる」「こんな人になる」「こんなことをやり遂げる」と子ども自身に未来を決めさすこと。後で変わったっていいんです。まずは腹に決めさせる。部下の育成なら「会社の目標と違うけど、自分としてはこれを達成したい」という、自分のスケールに合わせて腹に決めさせる。

私はとにかくいろんな人と出会ってきたけれど、初めから腹に決めて仕事に取り組む人は、あっという間に変わってく。伸びていきます。そういう人は会った瞬間から私を見る目が違いました。ものを見る目が違う。紹介されたり説明されたりする時に、食い入るような姿勢を見せますね。

いま思ったんですが、私たちの仲間が新しくショップをオープンする時に行う「開所式」では、自分のお店をどうしていきたいかということを語るので、これからはその宣言を動画に撮っておくようにしようかな。自分自身で腹に決めたことは、悩んだ時や行き詰まった時の助けになります。どんな仕事でも、自分が前に進む区切りのタイミングで腹に決めたことは、動画でも、メモでもいいのでしっかりと残しておくといいかもしれません。これ、子育てにも応用できそうですね。

とにかく、この「腹に決める」こそ私の一番の合言葉。自分とは程遠いほどの才能を持っているように感じる人、たとえば、オリンピックで１００メートルをすごいスピードで走る人や、ノーベル賞を取るようなことを思いつく人も、考えてみればみんな同じ人間。それはそれはものすごい努力をしているし、才能にも溢れているやろうけど、**成し遂げるべき目標を腹に決めてるからこそできていること**。何かを実現したかったら、自分で腹に決める。それがものすごい大事です。

私は一つの目標だった月商1億円という目標は２０１３年にクリアして、今は月商2億円に向けて計画を立ててます。もしも1億円達成した時に「やったー。これでオッケー。もうここでいいや」って思たら、そこで終わってました。そこからもう伸びない。もうこれでOKという風に腹に決めてしまうことで、そこでストップします。

ホントのところはね、自分の仕事の成果としては今の月商1・5億円で充分なんです。正直、歳《とし》やしね。「もうゆっくりするわ」って言っても誰も怒らない。でもね、自分だけのためだったらそこまでで良かったんですが、私の場合はここまで一緒に走ってきてくれた仲間が大勢いて、その子ら一人一人にも月商1億の夢を叶えさせてあげたい。私一人が1・5億になって、もう知らん、おしまい、なんてよう言いません。これまでは自分の目標。今からは2億を掲げることで、一緒に頑張る仲間がどんどん上を見ることができる。みんなのための目標です。

腹に決めると、とにかく無我夢中で、なんでもやるようになる。仕事でも人生でも、腹に決めさえすれば、体も気持ちもガンガン動き始めるから、なんでもできるんです。自分自身でまず、腹に決めること。次に、子どもや部下が腹に決めるのを助けること。これでうまくいかないことは絶対ないって思てます。

こんな話をしていたら急に思い出したんですが、私がポーラに入った新人の頃、今でも一緒に仕事を続けている仲間のHさんと、お風呂屋さんの中でも裸でロール・プレイングしていましたね〜。お互いにお客さま役とカウンセラー役になりきって、販売のシーンを勉強するんです。「こんにちは、最近肌の調子はいかがですか?」「このシミ、全然取れないんだけどホントに化粧品は効いているわけ⁇」「そんな急に、消しゴムみたいに取れたらそれはそれは怖い話ですよ。じっくりとじっくりとね。無理のないように、今、肌の内側で化粧品がせっせと働いていますから。そのメカニズムはね……」なんて。お風呂の中で二人、すっぽんぽんで。笑えるやろ。

このHさんは、私がとにかく負けたくないと思った相手。いいライバルです。シンプルだけど仕事を絶対にサボらない人で、大切な仲間です。ずっと辞めずに二人一緒に続けてきました。

02／25

夢を現実にする計算をする。

私達は販売の仕事だから特にそうだけど、自分が手に入れたい夢に向かって、数字でちゃんと計画を立てるのはすごく大事。販売の仕事だけにかかわらず、漠然と「将来大金持ちになりたい」とか、「いっぱい稼ぎたい」と思っていても絶対に行き着きません。「そのうち出世もしてみたい」なんていうのも最悪です（笑）。

最近若い男女の中では婚活が話題のようですが、これだって「そのうちステキな結婚がしたい」「いい機会が巡ってきたら奥さんと子どもに囲まれた幸せな家庭が欲しい」と夢見ているだけじゃ、かなり出遅れるんじゃないでしょうか。**夢ってね、そんな漠然とふんわり思っているだけじゃ、叶わなくなっちゃいます。**

たとえばね、海外旅行に行く時に、13時に関西空港に到着すべし！　と決まっていたら、みんな何をしますか？　適当な時間に、ただなんとなくは出発しないはずです。13時に到着するためには、郡津《こうづ》駅を11時に出て、なんば駅には12時前に着かないといけない。あ、でも、この乗り換えはちょっと遠いから、もう一つ早い電車で行こうかな。そんな風に考えるから、飛行機に乗り遅れることってめったにないじゃないですか？　海外に行くという明確な目的があれば、さーっと空港まで行けて絶対に遅刻せえへんと思いませんか？　日頃そんな風に当たり前に出来ている計画や計算を、もっと人生や仕事に生かしたらいいんです。なんとなく、じゃダメ。海外旅行っていう目標がなく、ただただ空港に行くとなったらしんどいのと一緒。なんでも明確に計画して、どれだけ緻密に計算ができるかということです。

売上計画でも、出世計画でも、結婚計画でも、全部一緒です。ちゃ～んと、具体的に目標を数字に置き換えて、そこまで行き着く計画を数字で捉えてみる。億万長者になるのが夢なら、その手に入れたい金額が具体的にいくらなのか。60歳になった時に億万長者になる、ということが夢なら、50歳までにいくら持っていることが必要なのか。40歳なら、30歳なら、と具体的に計算します。その後は、じゃあ、その目標のためには毎年どれだけ稼ぐべきなのか。その稼ぎを生める方法は何があるのか、とどんどん具体化していきます。出世計画も一緒。お酒を飲んで「僕はこんな仕事をするのが夢。だからそのうちに偉くなりた～い。それで、自分のやりたかったことを成し遂げた～い」なんてぽわんと思っていても、それじゃイチかバチか。叶う確率は低くなるんじゃないんかいな。もっと具体的に「若いうちに出世して、こんな仕事をする。それで理想的には50歳で社長になる。社長になるにはどんな方法があるのか。今いる会社にい続けるのか。それとも社長として誘われるような能力と実績を手に入れるのか。そのために20代の今、何をすべきなのか」そうやって、自分の時間を区切りながら、今やるべき動きを決めていくんです。

数字の目標を立てる時、**無理やりな数字はダメ**。だってね、たとえば結婚して家庭を作るにしても、今まだ誰とも出会っていないのに、半年以内に結婚して、子どもも作るなんて区切ったりしたら大変。詐欺にあっちゃいますよ。**前のめりは失敗の元**。私の組織でも、焦るあまり早くショップオーナーになろう、ならせようとすると、ホントのことを見失うことがある。それは後でしっぺ返しがきます。大事なのは、信じられる数字で計算すること。旅行で言えば、「全力疾走したらこの電車に間に合うかもしれないから、そしたら関空に13時に着けるはず」なんて計算はしないですよね。そんなイチかバチかみたいなもん、計算でもなんでもない（笑）。

たとえば私の場合だと、2年後に月商2億円の組織にする目標のために、新店舗を毎年いくつつくったらいいのかから計算しています。この時の計算の元になるのは、新店舗1つが確実に売り上げる数字。頑張ります、とか、何とかなるかも、なんていう数字じゃなくて、これは絶対に行くという数字を基本にして考える。自分の夢を叶えるために、いくら、何店舗必要かという〝夢早見表〟を作っていつも持ち歩いてます。ポーラの仕事の場合は、夢は店の数で決まると考えると分かりやすい。〝夢の数字÷1店舗の1ヵ月の最低売上額＝店の数〟。単純な公式です。「拠点効率」って言ってます。お店を維持するために必要な最低売上額は絶対に変わらないから、夢を実現したいと思ったらこの数字を元に、必要な店の数を割り出します。ショップオーナーになった仲間には、この夢早見表を配ってあげる。具体的にしなかったら、ぼーっとしてしまうし。時間だけどんどん経ってしまう前に、明確な計算に基づいて計画しておくことがホントに大事。**しんどいとか、わーわー言っている間に、時間はどんどん過ぎていきます。**

それと、目標はあんまり遠すぎないほうがいいと思います。始めたばかりの新人さんに「月商1億円を目指しましょう」なんて言ったら引くでー（笑）。そんなん、40年も50年も先でも無理です！　って言われる。時間で言ったら、2年後とか3年後とかくらい。金額で言ったら、1つ上のランクくらい。そこをリアリティ持って描くのが大事かな。

あとは、自分のできる上限を決めてしまったら終わり。人はどっかで「こんなもん」「こんなにできたら上等やで」って自分で上限の線を決めてしまいがちだと思います。自分でブレーキをかけてしまうねんな。それって居心地がいいからついやってしまいがち。「私はこんなもんや」って自分で自分の限界を低く決めてしまう。私の組織では「こんなもんや店長」って呼んでおります（笑）。皆さんの周りにも**「こんなもんや課長」**や**「こ**

んなもんや部長」が大勢いるんやないですか？　もったいないことです。自分が行き着ける場所は、どんどん高いところにセッティングしていくことを、いつも意識するだけでいいんです。ちょっとできるようになったり、まあまあなラインまで行き着くと、「こんなもんや」って止まってしまいがち。そうならないようにせなあきません。もしかしたら特に女性は「こんなもんや」になりやすいかもしれない。日々の目標は遠すぎないほうがいいけれど、いつも上は見ていないと。見続けないと。ここまできたら終わり、こんなもんや、なんて思ったら、本当にそこで終わってしまう。止まってしまいます。

私は、ポーラの組織全体、全員が上を目指し続けるために、月商2億円にこだわっているとも言えるんです。「ポーラのビューティーディレクターの仕事の未来には、月商2億円、っていう上だってあるんだ」って全国のみんなが思えたら、楽しくなりませんか？そういう、楽しいレールを敷いていくのも私の役割やと思てます。一つのサンプルとして、年寄りだけど私みたいのがいると、みんなも具体的に自分の将来を想像しやすいんじゃないかと思って。こうやって1億作るんだ、1億をキープするんだ、2億になるんだ、っていう事例として、頭に入れておいていただいたら、いつかお役に立つかもしれない。「主婦から始められる美容の仕事だし、まあこんなもんでしょ」って限界ラインを引かないための手助けになったらいいな、と思います。

夢への緻密な計算をするのにおすすめは、年始のお休みに毎年ちゃんと自分の目標に向き合うこと。それを手書きで書きとめること。私は、自分の目標を見つめて計画を練るために、神様がこの年始の三が日っていうお休みをくださっているんだって思ってます。「目標を考えや—」って言われてる。急に自分の目標なんて定まらないから、年末11月くらいから、その一年を振り返って、未来を考えて、本気で自分が成し得たいことや、夢を考える。メモをしてみる。年末のドタバタやら大掃除やらが終わったら、今度はしっかりと静かな気持ちで三が日に自分の夢を書いてみて、それから初詣。こうやって落ち着いて「書く」のが大事なんです。それでなるべく具体的に「今年はこうして、こうして、こうして、それで12月にはこうやってフィニッシュできるように頑張ります」って、初詣で目標設定を話したらいいと思います。

早くからこういう癖はつけた方がいい。遅くとも40代になったらしっかりと考えた方がいいですね。毎日の忙しさを言い訳にしないで、いったんちゃんと考えてみてください。仕事のことでも、プライベートでも、人生でも、何でもいいんです。79歳の誕生日までに月商2億円を目指す！　と思っている私も、毎年、毎年、その年のことをきっちりとやることばっかりを考えてます。

夢への道のりを数字で具体化して、リアリティを持って目指していく。それが成長のために大事なんじゃないかな。

03／25

脳に刷りこむ。

思いこみって、仕事を進めるうえではすごく大事。たとえばね、子どもを京大を目指す進学塾に行かせると、なんとなく京大に行かないかん、っていう気分になります。東大を目指す進学塾に行けば、その東大っていうレベルになんとかしてついていこう、っていう気持ちになりませんか？　草野球をしていたら、草野球の選手止まり。高校野球の名門に行けば、朝から練習してどんどん上を目指すようになる。結局ね、自分のいるレベル、意識するレベルでその人の考えって決まっていきます。

ポーラでは有名なんですが、私は、月商1億円達成までの間は「80000」「90000」というナンバーの車に乗ってました。この80000、90000は目標額。月商8000万円。月商9000万円。達成するたびに車のナンバーを替えてきました。車種はずっと、ホンダのフィット。街中で小回りが利いて、ホント、運転しやすいんやで。**で、今は「209」。ニオク、です。**毎日、家からお店へ、お店から仲間のところに行くたびに、車を見て、ナンバーを見て、意識的にも、無意識的にも、自分の目標数字を脳に刷りこんでいくんです。これね、どんな方法でもいいと思うんです。たとえば会社に入ったばかりの新人であれば、毎朝起きた時にいつかやってみたい仕事やプロジェクトを声に出して言うんでもいい。課長さんクラスで部下との関係に悩んでいる人なら、無理やりにでも部下のいいところを見つけて、すごいな～とこころから思う瞬間を作ってみるとか。いつもは「何で仕事が遅いんだ」「気が利かない」とカリカリしてしまうような部下でも、いいところは必ずあります。「いつも元気に挨拶をする」「仕事は遅いけど誤字が少ない」「美味しいお菓子をよく知っている」など、どんなちっちゃなことでもいいんです。そういういい部分を脳に刷りこんでいくことで、部下との関係がフッと変わるときが来るはずです。脳に刷りこむことが大切です。

最近は競争させるのはダメということで、学校では順位を意識させないような教育になっているって本当ですか？　これってどうなのかなあ。自分の目標を脳に刷りこむためにも、ライバルがいた方がいいということってあると思うんです。私はね、**「お茶をする」というのがすごく苦手**なんですが、これも、若い頃の経験によるもの。当時、私も含めて同じ歳で仲良くしていた3人組でよく研修にも一緒に行っていたんだけど、なぜだか、私が6万円販売するうちにその仲間の一人は30万円くらい販売するんです。そんな風に成績がいいから、本社が発行していた社内冊子なんかにも派手に取り上げられて。あ～負けたくないって思て何とかしようと思った。で、どうしたらええか考えたんです。その人は、よく喫茶店に入って珈琲を飲む人だったから、私はその人が珈琲を楽しむ間も仕事して頑張ろうと決めた。そのとき以来、いまだに私は珈琲を飲まないし、喫茶店にも入らない(笑)。

最近ではなくなりましたが、昔は会社の研修会なんかでも、成績順に席が決まることがありました。ショップオーナーになりたてのある日、私は63人中62番目という成績で、一番後ろの席に座ってました。ドアの近くの席だから、誰かが入ってくるたびにぴゅーっと冷たい風が入ってくるような席。こういう時に、前の席の人を見ると、その人たちの背中が「私はここやで、お前は後ろやろ」「私は頑張ったからあなたよりずっと前に座っているのよ」って言っているように見えて。あ～これはあかん、と思いました。まずは10番以内に入ろう。次は5番になろう。最後はどーにかこーにかしてでも1番になろう。そう決めてから実際に1番になるまで、何年かかったかな。これだって、ほとんどビリの席で、みんなの後ろ姿を見ながら「1番になるねん」って脳に刷りこんだから実現できたと思う。今はね、ポーラで一番大きい組織を率いてますから、一番前の一番真ん中に座れてます。おかげさまで、一番いい席です。仲間のみんなが「本庄さんがそこに座っているのがかっこいい。後ろ姿を見ていてホッとする」って言ってくれるから、私はまだまだ油断せずにここに陣取るために頑張るぞ、って思てます。

最近ね、「フットワークが軽いのはなんでですか」って、よく聞かれるんですが、〝気〟が先に走っていることがその理由かな。**足は後からついてくる**。目指す場所が脳にきっちりと刷りこまれているからこそ、早く着手して、早く成功して、完成させたい。それで達成感を感じたい。そんな風に考えるようになります。そうなれば足は自然についてくるわけ。一度、鉄棒の練習をしすぎて（大人なのに恥ずかしい！）、腕を怪我して、しばらく湿布を貼っていたことがあるんですが、その時には**湿布に自分の目標を書いてました**。あとね、肩こりの時に貼るサロンパスにも、マジックペンで「仲間を2名増やすゾ！」って書いてみたり。私は、特にこういう単純な刷りこみが向いているのかもしれへんね。

悩んだり迷ったりすることは誰でもあります。誰だって、悩みだらけ。私も、何でも心配になっちゃう超心配性です。怖がりやしね。でも、悩みがあるって悪いことじゃないんです。脳に刷りこまれた成功イメージがあるから、そこに行けるかなと悩んだり、行くためにはどうしたらいいのかな、って悩む。もしも何もイメージがなかったら悩みません。**悩みっていうのは進歩の母**やと思います。知らんかったことを知ったから悩む。昨日までと違うことが起きるから悩む。存分に悩めばいいんじゃないでしょうか。悩んでいるということは成長していること。じっとしていたら、悩まなくてもいいでしょ。悩みは、脳に成功イメージがあるからこそ。成長の階段です。

まだ若いショップオーナーのSさんからも「どうやったら悩まなくなりますか？」って聞かれたことがあるんですが、「悩むのはいいこと。まだ未熟で経験が足りないから、知らんことばっかり起きて悩む。せやけど経験が増えれば、そのうちに悩みは小《ち》っちゃくなっていくから、心配しなくても大丈夫」って話したところです。皆さんのお子さんや、部下の方にもぜひそうやって「悩むのは素晴らしい」って教えてあげてくださいね。

ナンバープレートに注目！

04／25

腐る前に動く。

早く決める、すぐに動く。それもすごく大切なことだと思います。**人間って生《なま》ものだから、足元からどんどん腐っていく**って知ってますか？　怖いで～。こないだも、現場のビューティーディレクターの子が、ショップオーナーになるかならないかで悩んでいたから、「早いこと決めや～。決めんかったら、どんどん腐っていくでー。あ、もうちょっと臭《にお》うんちゃうか～（笑）」って、クンクン嗅ぎまわりながら、そんな話をしました。腐ってしまうと、周りの人の邪魔者になったり、後輩をつぶしにかかったりするねんな。私のとこでも、早いうちから腐ってしまった人、相当いました。それにもっと怖いのは、いったん腐ると、もう腐ったままで元には戻れないということ。**人間の保存料みたいなもんはないんです。**もしも自分で動けなくなってしまっているような人が周りにいるようなら「腐る前に動かす」のも組織をつくっていく時には必要かもしれません。なんか糠《ぬか》漬《づ》けみたい（笑）。毎日かき混ぜていれば腐らないけど、動かさないと腐ってしまう。

もちろん、生き物である以上、年齢を重ねれば変化していくのは仕方ないこと。でもそれが腐っていく腐敗ではなくて、いい方向に変わるために必要なのが目標だと思てます。目標があって、いつも動いていれば、腐敗ではなくて発酵になる。保存料はないけど、目標こそが防腐剤みたいなもんかな。私の仲間にも70歳で現場の美容部員をしているNさんという人がいるんですが、この人はこの年齢でも全然腐敗臭がしない（笑）。その理由は、目標を持ってすごく一生懸命仕事をしているからとしかいいようがないです。動いているんです。こないだ、「今度、ショップオーナーになる研修に行ったらどう？」と誘ってみたら、小声で「年齢制限はないんですか？」と聞かれたんです。他の仲間から「年齢制限あると思うから、そんな風にNさんを踊らしたらあかん！」と叱られたんだけど、私はそんなルールは聞いたことがなかったから、早速本社に確認をしました。そしたら、やっぱりポーラは年齢制限がなかったんです。「わぁ〜良かった〜」と思って、Nさんに「年齢制限なかったから、思う存分動いて〜。今からの人生、動きまくれ〜」って話したところです。70代でも、80代でも認めてもらえる。20代の子たちと同じ条件で働けるってすごいとこだと思いませんか？　デパートの化粧品売場には、さすがに70歳の美容部員っていないでしょ（笑）。ホントに、ありがたいこと。顔にシワがあっても、歩くのが少々遅くても、白髪でも、そんなこと関係ないです。他の会社だったら年齢に応じて給料が変わったり、辞めてくださいって言われることもあるかもしれない。でもポーラでは働いた分だけ稼がせていただける。もちろん、70歳になったら物理的にからだを動かすのはしんどいかもしれない。でも、気持ちを動かすのはしんどくないはず。仕事があるってほんとにありがたいことだし、年齢を重ねていくほど、一日一日を最高の日にしなくちゃもったいない。私なんて、もしも仕事がなかったら、一日何をしてたらいいか、困ってしまうと思います。「もう歳やし〜、こんなもんと違います？」って思いがちだから、歳を取ると腐りやすくなるんです。「動かないでじっとしていると腐るで〜、腐るで〜」って、みんなに言い続けるのも私の仕事です。**どんな年齢でも、一日一日平等に消えていくんだから、誰でも最高の時間にするようにしないとね。**

　私はトラブルがあった時なんかも、すぐ動きます。もう朝も夜中も関係なし。気になったら即対応したい。忘れてしまったらおおごとだし。ポーラでは、地域ごとにサポートしてくれるマネージャーがいるのですが、私の担当だったＩマネージャーには、苦労かけたなあ（笑）。トラブルを誰かに話しておけば、自分はそのことを忘れて次のことへいける、というのもあって四六時中連絡してました。仲間の店でちょっとしたトラブルがあったらすぐＩマネージャーに電話。お客さまからクレームがあったら、これまたすぐＩマネージャーに電話。だって、とっても小さなクレームかもしれないけど、それが本社のコールセンターに入って迷惑をかけるようなことだってあるかもしれない。だから、私のところで情報は止めません。これってどんな組織でも大事なんじゃないかと思います。今は電話だけでなくて、メールとか、ラインとか、いろいろ伝える手段がある。どんな小っちゃなことも上司や仲間に一応知らせておくことが、どっかで役に立つかもしれん。特にクレームや問題ごとは、自分が考えている以上に組織にダメージを与えることがあるし、また、そこから学べることもある。褒められることじゃないから、自分の汚点みたいに感じて、こっそりうまく処理したいって思いがちやけど、そこをオープンにしてクレームや問題を共有していくようなシステムをつくるようにすると、組織はうまく回るんじゃないかな。そんな風に思います。

〝腐る〟つながりやないけどな、**〝出ただけでいいのは、ウ〇コだけ〟**っていう合言葉も私の組織ではよく使います。面白いでしょ？　営業職の多い会社だったら、朝礼とかに使えるフレーズになりそう。腐るとか、ウン〇とか、化粧品会社には似合わない言葉ですみません（笑）。こんな風に言っているのは、ポーラの中でも私のグループだけだと思います……。下品って思わないでくださいね。これな、会議で売り上げの報告をしてる時に、「こんだけしか出来ませんでしたー」って言うやろ。このことなんです。これが一番あかん。こういう風に報告してくるお店を〝〇ンコ営業所〟って呼んでるんです。朝のお通じを考えてみてください。「今日は３５０グラム出しとこ」って決めてその量をきっちりと出すことはないはずです。ちょっと便秘だけどまあいいか。いっぱい出てよかった。こんな風に、**ウ○コは〝出たとこ勝負〟。でも、営業はこれではダメ**です。だから、〝出ただけでいいのはウン○だけ〟。こないだも、出来たばっかりの店のショップオーナーに、あんた今月どうしたん？　って聞いたら、「100万出来ませんでした〜」って言うから、「あんたの店、名前変わるでー」って脅かしたとこです。仲間たちも、もうよく知ってるから、自分から「あ〜、○ンコ営業所ですね……」って言う子もいます。私も、「カタカナ表記にすんのか、平仮名か、はたまたローマ字か。ウ○コのコはKOかCOか。よう考えとき」って話しながら笑います。目標を言ったら確実にやる。こんだけしか出来ませんでした、は、こんだけしか出ませんでした、っていうウン○と同じ。出ただけやりました〜なんていう報告をしたら、うちではすぐに〝○ンコ営業所〟にされます（笑）。まあ、ちょっとキツイ言い方ですが、どっか逃げ道はある。笑いがある。これがこの言葉のいいところ（笑）。私たちは給料制ではなくて、歩合制だから、机をバンバン叩いて追いこむようなことをしても人は動きません。詰め寄っているようで、どっか笑いと逃げ道があるような形が理想やねんな。ちなみに、言うばっかり、口ばっかりの営業所は、オオカミ少年のお話にちなんで〝オオカミ営業所〟って呼んでます（笑）。

そうそう、**貯金も〝ウ○コ貯金〟はダメ**ですよ。目標が大事やねんな。娘にも昔から、40代で1000万、50代で3000万を貯めや〜、って話してきました。どのくらい貯められたかな。今度、娘に聞いてみます。そういう具体的な目標数字があれば、これ買おうかな、ついでにこれも欲しいな、っていうおまけの買い物がやめられます。絶対にブレーキがかかる。まず今年1年間で貯めたろと思う金額を決める。そしたら、1ヵ月で貯めるべきお金が分かる。先に貯金して、残りで工夫して生活する。これでOK。貯めようと決めたら貯められる。無駄使いは意識の問題。買いすぎない。食べすぎない。きちんと計画して決めて貯める。それが〝ウン○貯金〟にならないコツやね。

腐る前に動くには、スピード勝負。せっかちな私はトイレに入ってもできるだけ早く出ることを目標にしてます（笑）。時間がもったいないから、早く、早く、です。家にある大きなソファにも、ここ10年以上、のんびり座ったことがない。ただただソファに座っている、っていうのが本当に苦手で。このソファは人が来た時に座らせるだけ（笑）。もうせっかちの極みです。妹には「リビングのソファに座って庭の景色でも見てゆっくりしたら」って言われるけど、そんなことしたことない。逆にストレス。妹がたまに「今日はダラダラしている〜」って言うのを聞くと本当に不思議。一回やってみたいけど、もうダラダラ仕方が分からない。たとえば、もしもお茶碗洗い大会とかあったら、たぶん優勝です(笑)。絶対速い。こないだ三重県の方で新しいお店がオープンするセレモニーがあって、仲間のMさんとご一緒して、帰りにスーパー銭湯に寄ったんですけど、その時のお風呂もほんとに、あっという間。カラスの行水のカラスにも負けない早さです。せっかちぶりを発揮してしまってMさんに笑われました。ぜんまい仕掛けの人形みたいに、とにかくちゃっちゃっちゃっちゃっと動きまくってます。よく、人の何倍もめっちゃ働きますね、と言われますが、めっちゃ動きまわりますね、とも言われます。Mさんに、「本庄さんには長生きして欲しいのに、むちゃくちゃに動くんでさすがに心配してます」と言われました。でもね、「本庄さんに長生きして欲しい！　っていつも思うけど、私らの方が先にこの世から失礼するんじゃないかな、とも思うんです」とも言われましたけど(笑)。

きっちり目標立てて、一生懸命毎日を生きていけば、ちゃんと願いを叶える力をみんな持ってます。よく心が折れたとか言うけど、**そんな簡単に心なんて折れっこない**。参ったことや立ち上がれんほどヘコむことはあるけど、切り替えればいい。忘れる。済んだことをクヨクヨしている暇はない。そうやって、何があっても前を向いて、速く動いて腐らないようにすれば、絶対にうまくいきます。

05／25

上を見続ける習慣をつける。

ポーラでは新人の成績のいい子たちを表彰してくれるパーティがあるんですが、私はいつも、お母さんになったような気分で一張羅のスカートをはいて、若い子たちに「よく頑張ったね」と言いに行きます。まさにわが子が表彰されるような気持ち。20代に交じってはしゃぎすぎ！　って仲間に笑われています。でもね、この小さい芽こそが素晴らしいじゃないですか。この芽がなかったら、その先がない。ここで表彰される若い子は、どこかで何回か踏ん張って頑張った。だから手放しで褒めてあげたいんです。今からの社会は、当たり前のように女性が仕事して自立する時代。安倍首相も、２０２０年までにあらゆる分野で指導的地位の女性比率を30％以上にすると明言されてました。「ウーマノミクス２《にい》０３０《まるさんまる》」って言われてますが、ほんとに時代はどんどん変わる。だからこそ、何年か後に「仕事しているの？」と聞かれた時に、自信を持って「ポーラで美容の仕事をしています。実は自分のお店を持っています」とはっきり言えるような、そんな女性が増えたら嬉しい。

私はね、第一関門を越えたこの若い子たちに、激励の気持ちをこめたスピーチで「幼稚園卒園おめでとう」って言います。今日表彰されているのは、実はゴールではなくて、一つのレベルからの卒業。卒業できたのはホントに素晴らしいことなんだけど、まだまだ幼稚園児だよって話して、小学校に行きたいですか？　と聞くんです。これはね、頑張ることと、上を見ることを習慣にするためのちょっとした魔法です。ずーっと幼稚園児でいて満足な子はいない。小学校にも行きたいし、いつかは中学校も高校も大学も行きたい。新しい友達も欲しいし制服も着てみたい、そんな気持ちと仕事を結びつけて話します。

つまりね、一つの目標を達成したら、幼稚園卒園。そのタイミングで、「小学校に行って違う景色を見たいですかー」って聞いてみる。次を、次を、と見せていく。小学校卒業、中学校入学、中学校卒業、高校入学……。そんな風に仕事のステップアップを学校にたとえて話しています。ただただ〝上を目指そう〟と話してもイメージが湧かないと思うので。私が新人の頃から一緒に仕事をしてきたHさんが、「若いショップオーナーの中に、どうなりたいかっていうことが見えてない人がまだいる。目標が見えてないと、ショップオーナーになることでおしまい、ってなってしまう。こういう子をうまいこと変えていかないとね～」と言ってました。ホントに、いつも上を見続けるように仕向けてあげるのは、上のもんの仕事です。数字作るのは、個人かも分からん。でも、この個人を支えるのは組織。システム。仲間。そういうことです。

こんな風に考えるようになったのは、前に高校野球をテレビで観てた時。あれだけ必死になってするんなら、なんで大学野球と試合しないのかな。プロ野球とせーへんのかな？って思ったことがあって。立場が違う相手とは試合をしないですよね。でもね、高校生同士でやるから盛り上がるのか！　と、ある日いきなり分かったんです。高校生同士やから、ムキになる。そのことに気づいてから、研修会や人のまとめ方も、全部横並びにしました。**同じ土俵で戦うことが大事**なんです。私のとこの言い方で言えば、ショップオーナーになる会↓グループオーナーになる会↓グランドオーナーになる会。ゆうたら、幼稚園↓小学校↓中学校↓高校↓大学、みたいなもんです。一人ひとりのランクによって、同じランクの人と同じ研修の中で競いながら覚える。組織全体を縦ではなくて横のチームに分けて、研修を続けます。普通の組織なら、係長になろう会、課長になろう会、部長になろう会、みたいなことかな。役職でも数字でも、とにかく一つのゴールを見ている人を一つのまとまりにします。それで一緒に勉強する。

成績を上げたら卒業式。次のグループへの入学式。この繰り返しで上を目指します。ほんとに卒業式とかもするんですよ。私がケーキを買《こ》うてきて、ふーっとローソクを吹いてもらったりして、拍手して。そうすると、次は入学式やーってなるねん。止まってられへんようになります。研修会で、昨日までは自分と同じだった仲間が卒業をして、とっとこ

とっとこ抜けていくと、残った人は居残りみたいな気分になる。私も早いこと頑張らなかったら、後から来た幼稚園の子に抜かれるーって思て頑張るようになる。こういうレールを敷いておくことも組織づくりでは欠かせないと思ってます。縦の関係ではなくて、横の関係、同じ立場の中で一緒に競って一緒に上がっていく。この形で研修をするようになってから、私の組織はぐっと伸びました。

小学校の時、卒業したら中学校に行くことを疑いもしなかったし、そうやって成長していくのが当たり前だったじゃないですか。上の人間は「あんたはもっと伸びるで〜伸びるで〜」って、言い続けてあげる。「もう少しやな、もう少しやな」って後押しし続ける。「頑張ったね、ゴールはここだよ」なんて言わない。それを言ったらおしまい。どんなにしんどい時でも、「あーそれなら休み〜」とは言わへん。疲れた時は、誰だって「もうえぇか」ってなるし、女やしもう充分に稼がせてもらってる、なんて思たりする時もある。私はそれを認めてないから、とにかく私自身も走り続ける、走り続ける姿を見せる。まだ走るんですか〜ってみんなに呆れられても、みんなのために走り続ける。幼稚園の次は小学校、その次は中学校、という風に次のステージへの期待を抱かせてあげるのが私の仕事。そうやって上を見ることを習慣にして成長していくことしか、仕事がうまくいく方法ってないと思うんです。近道ってないんです。

ポーラの仲間から「ずっと仕事を続けていくにはどうしたらいいですか」とよく聞かれます。ポーラの仲間だけでなく、テレビなんかでもよくそんなことが話題になってますね。どうやったら仕事を続けていけるか、不安になる時があるみたい。でもね、長く仕事を続けてきた私に言えるのは、「心配せんと、一生懸命していたら、なんぼでも道はできていくもの」ということ。一生懸命走ることを習慣にして、**さぼらなければ、道ってできてくるもの**なんじゃないでしょうか。たとえば、けもの道もそう。毎日同じ道を動物が通れば、そこに自然に道ができる。さぼって通らないと、草が生えてきて道が隠れる。進めなくなる。とっても単純なことです。仕事でも人生でも、とにかくやり続けることだけです。前に進んでいくと、一見ゴールに見える場所に到着する瞬間があると思いますが、実はその先にまた道がある。そこまで来たからこそ初めて見つかる新しい道があるもんなんです。だから、あ〜もうやり尽くしたなんてことはない。だって**私、76歳まで仕事をずっとやってきても、やり尽くしたなんて到底言えません**から。このまま進んだら、今度はその次に何があるんだろう。はよ行って確かめたい！　って楽しみばかりです。

06/25

今の人、より、今からの人。

皆さん、「今の若いもんは」というような愚痴を言っていませんか？　電車の中でも、よくそんな風に話しているのを耳にします。でもそれは違うと思う。

私は**「今の若い人」じゃなしに「今からの若い人」「今からの人」**と思てます。自分を中心に「今の人」なんて言いがちですが、言ってみれば自分より若い世代は将来の先生。私が76歳だからということじゃなしに、これは40代くらいの中堅どころの方々もそう思った方がいいんと違うかな。だって、スマホの使い方とかアプリとか、今どきの言葉の使い方とか、若い世代の方が得意なことってたくさんありません？　それに、今からの若い人が、私らがとっても気がつかないようなことや知らないことに気づかせてくれる。教えてくれている。そう思ったら、何があったって腹も立ちません。

若い人や、若いエネルギーを持っている人が近くにいるってすごいこと。宝物です。自分と違うやり方をしていたり、自分と価値観が違っているからといって、彼ら若い人を「間違っている」と決め付けたら、そのうち時代遅れの人になりますよ。だって、**若い人たちが作るのが新しい時代**なんですから。普通だったら、私みたいな76歳のおばちゃんが、20代の若い子と一緒に仕事の話で議論できますか？　仕事の合間に雑談で大笑いするようなチャンスがありますか？　たまにね、20代の子と話してても話の内容がチンプンカンプンなこともあります。たまに、じゃなくて、しょっちゅうかも（笑）。でも、いっつも世代を超えてみんなで一緒に仕事をしていると、自分の年齢を意識することもないし、元気でいられるんです。もう、若い人の中にどっぷりと浸かっていたい〜（笑）。だから、たとえ考え方が自分と違う若い子がいたとしても、「なんでこんな風に考えるんだ！（怒）」と腹立たしく思うよりも、「はああ、そんな風に考えるんだ。行動するんだ。なるほど〜」と思うと、とっても勉強になります。

私は76歳になってポーラで44年も仕事をしてるわけですが、その間もずっと世の中は動いてる。変わっています。ぐーっと回って、次の世界に来てる。この新しい世界で通用するのは新しい子たちです。次の主役は、若い子たち。それに誰でもいつかは自分よりも若い人たちに介護をしてもらわなきゃならない時代がやってくるわけで、そんな時に「今どきの若いもんは」なんて言ったら嫌われて嫌われて、丁寧な介護なんて絶対にしてもらえません。これは悲劇ですよー。愛される老人になるためにも（笑）、「今の若いもんは」なんていうのは言語道断。「今からの若いもん」に教えていただいた。そんな風に考える癖をつけておくことも老後のために必要だと思てやってますね。若い人こそ、これからの社会を教えてくれる先生です。

つい最近、私と長年苦楽を共にしてきた仲間、グランドオーナーでもある50代のMさんがポーラ全体の会議で話したことにも、教えられました。世の中がめまぐるしく変わって、ネット社会になって、指先一本の注文で、明日にはすぐに欲しい商品が届く時代になった。自分で重い荷物を持つ必要もない。こんな時代にポーラはどうしていくべきなのか。テクノロジーの便利さは私たちの生活を変えたけれど、でも、トップブランドの信頼が一気に失墜する恐怖もあれば、人があまり介在しなくなる時代の寂しさもある。そんな時、商品は良い、人間力もある私たちは何をすべきなのか。指先一本の無言の注文に負けない素晴らしい人間力にさらに磨きをかけないと。そんな話を聞いていて、本当にすごいな、と思ったんです。私は彼女の先輩ではあるけれど、とってもこんなスピーチはできないし、こんな思考で次のポーラを考えることはできない。あー、ありがたい先生がここにもいる！　そんな風に思いましたね。

また、最近増えている海外出身の仲間にも教えられることがありました。私たちの組織もグローバル化が進んで、日本に住む外国人のビューティーディレクターが増えています。この仲間たちからは、日本人の私たちが忘れていたことをガツンと教えてもらった。特に勉強になったのは、目標に向かって「やるで〜」って進む勢いのすごさ。やるべきことはとことんやるし、自分で掲げた目標は何が何でもやり遂げる。日本語だらけ、数字だらけ、私だって読むのに苦労するような会議の資料も、必要だと思ったらこの海外の仲間たちはちゃんとスッスッと読んできます。日本人のスタッフと同じように、美容やカウンセリング、エステを学んで、極上のサービスを提供することに一生懸命。気合が違います。腹に決める強さが違います。純粋に、上を向いてます。ファイトがある。

私たち日本人は、怖がりすぎて前に進めなくなる時がある。奥ゆかしい、と言えば聞こえはいいけどね。自分でブレーキをかける、というか。この子たちからは、しっかりと学ばせてもらおうと思てます。

誤解を恐れずに言えば、彼女たちが「お金を儲けたい」って素直に話せることも、うらやましいと思う。日本では、お金の話をするのはあまりよくない、というような道徳観があるからか、「お金が欲しい」とはっきり言う人はなかなかいません。どちらかと言えば「お金がない」って言いますね。でもね、仕事をしている以上、「お金が欲しい」「お金を稼ぎたい」って言うのは悪いことじゃないと思う。私も、40代の頃は子どもにもお金が必要な時期だったから、とにかく稼ぎたかった。稼ぎたいという気持ちが仕事の原動力になってました。でもな、喉から手が出るほどお金は欲しかったけど「お金稼ぎたいから頑張ります」なんてよう言わんかった。「売り上げ100万を目指します」って言うのが精いっぱいでした。

私が子どもの頃、父親の給料日前だと学校の給食費が払えませんでした。「忘れたからあと2日ほど待ってください」って先生にお願いしていたけど、その時にお金がない辛さはものすごい感じていました。私が小学校5年生くらいだったかな。お金がないばかりに嘘をつく苦痛。先生に「なんで忘れたのか」と問い詰められながら感じた苦痛は今も忘れられん。こんな苦痛は、私の子どもには絶対にさしたらあかん、って思ってるから、とにかく稼ぎたかったんです。子どものためにもお金を貯めたかった。だからね、海外の仲間たちの、絶対に稼ごう、ブームを作ろうっていう気持ちで旗を振りまわす力って正直にすごいと思うし、言わなかっただけで私も同じだったんです。

少なくとも私の組織では、新しい時代のやり方を教えてくれる新しい仲間たちをこころの底から尊敬して、先生としていろいろ盗ませてもらいたい！　と思てます。これからの時代は、日本でもいろんな国の人が生活をして、みんなで生きていく時代。その時にこれまでのやり方だけにこだわっていたら、たぶん私らも、ポーラも伸びていけない。ただの老舗になる。若い人のいいところ、経験の多い人のいいところ、日本人のいいところ、海外の人のいいところ。みんなで出し合って、真似し合って、必死にお互いを学んで進んでいくのが一番ベスト。そんな風に考えてます。

余談ですが、私の仕事では、今の街、今からの街ということも考えたりします。営業の仕事をしている人には、こういう考え方、必要なんとちゃうかな。私たちが新しいお店をオープンするとき、ポーラ本社もいろいろ探して提案してくれますが、私なりの目のつけ方、というのもあるんです。私が注目するのは「自転車」。前と後ろに子どもを乗せているようなママチャリが活発に行き来している街。あとは、銀行が多い街。当たり前のようだけど、この2つがクリアされている街はそれから30年は活気があります。分かりやすいでしょ。「今から」の街です。もしかしたら、住居用マンションなんかを購入するときの資産価値の検討にも役立つんじゃないかな。どんなに人が多くても、おじいちゃんやおばあちゃんしかいない街は「今から」の街じゃない。私の大切な仲間が新しいお店を出す場所だから、「今から」の街を私もいつも一緒に探してます。

そうそう、コンビニが多い街も「今から」の街の一つの目安かも。銀行やコンビニは、経営のプロがいて、そういう人たちが世帯数とかきっちり調べて出店してると思うんです。私はプロじゃないけど、そういう人たちの動向をカッと見つめて、ちょこっと盗ませてもらうことで、自分らの参考にもさせてもらってる。

今、目をつけているのは○○○線沿線。ここはね、これからかなり伸びると思う。でもね、これはまだヒ・ミ・ツ（笑）。

07/25

疑うよりも受け入れて。

こないだポーラで大改革がありまして。まあ、いったらビジネスの制度が変わったんで、一見、現場では損をするように感じたり、慣れないから大変になることもあるわけです。企業が発展する際には、よくあることですよね。その変革は必ずしも個人の喜ぶことばかりではないことも多い。実際私の仲間でも不服に感じている人もいたし、他のグループのトップからも電話がかかってきて「本社に苦言を呈してくれ」なんていう相談ももらいました。

それぞれの人の気持ちは、痛いほど分かる。確かに急に制度が変われば混乱もするし、仕事は大変になる。個人的に不服なこともある。でもね、よくよく考えてみれば本社が会社全体にとってマイナスになるようなことをするはずはないんです。企業がこれからどうやって発展していくのかを考え抜いた末に、ベストな方法を選んでいるはず。だから私は所属した企業のトップが決めたことは、まず一度完全に信用すべきだと思てます。これは誰にでも当てはまることだと思います。私たちのような現場の最前線の販売員は今日、明日、今月、今年、くらいの視点でしかなかなか考えられないけれど、本社の人たちは、もっと先、5年とか10年とか100年とかのレベルで会社のことを真剣に真剣に真剣に考え続けたうえで、新しい制度に挑もうとしている。社会の置いてけぼりにならんように、考えてくれた。そうに違いないんです。たぶん、本社の社員さんだけでなくて、経営のプロの人など、私たちが一生会うことのないような、いろんなプロフェッショナルと考えて考えて考えて考えて決めているはずなんです。

だから、ぐっと自分の疑問なんかは抑え込んで、本社の決定を信頼してとにかく飲み込むべきだと私は思うんです。とにかく信じること。批判はしない。素直になって、言うがまま受け入れるのが一番です。疑ってかかるよりも受け入れる。前は良かったのにな〜ってこれまでに固執してしまうのは、なんだか戦前のやり方のような気もするんです。終戦が１９４５年で、私はその翌年の１９４６年に小学1年生。小さな子どもだったけれど、世の中が目まぐるしく変わっていくのを毎日のように感じてました。日本人全員にとって、いいことばっかりじゃなかったと思いますよ。でも、上を向いて必死になっているとが、子どもごころにも分かる。伸びていくぞーっていう強い想いがある。日本の社会がいい方向に変わっていくために、いくつもの改革があったわけです。それと同じことで、次の世代のためにもっといい組織でいようとして始める改革を、邪魔しちゃいけない。現場が過去を引きずりすぎると、次の世界で生き残れなくなると思います。

それにね、改革に対して不服を抱いて停滞していたところで、大きな決定が覆されますか？　結局そういう大きな流れや決定は、なかなか変わらないんです。暴れても無駄やねんな。自分で変えられないならとっとと諦めて、機嫌よく仕事できるように気持ちを変える。その新しいシステムの中で自分ができること、ベストなことを誰より早くから考え始めるようにするべき。それが絶対にお得です。早く受け入れることで、人より先に進めます。むしゃくしゃして、家の中でじっとしていたって、なんも変わんないです。**一見不服に思えるルールの先に、新しい幸せが隠れているようなことだってある**わけですから。だから、こういう変革の時こそ私みたいな立場の人間はシャンとしてないと、と思てます。ぐらぐらしたり、私まで本社に疑問を感じていたりしたら、あっという間に現場の仲間たちに伝染する。きちっと私が理解して、現場を納得させていく。これも仕事です。

私はね、とにかく自分の会社を信じてます。皆さんはどうですか？　信じていると言いきれますか？　私は商品も、組織も、何もかも悪口を言ったことがない。たとえばね、飲み会やなんかで上司の悪口を言ったとして、それ、仕事の役に立ちません。出来ていないこと、不完全なことを話題にして、その人を下げるようなことを言うのはダメ。自分の先輩や上司が教えてくれることは、一回素直に聞き入れて、やってみない限り良いか悪いかも分からない。**上司が馬鹿、先輩が馬鹿、なんて言っていると自分が馬鹿になってしまい**

ます。まずは言われた通り、上司や先輩の真似をしてみよう！　って思った方が近道です。もしも噂話するなら、褒めるエピソードに限る。褒めた話が「本庄さんがこんな風にあなたを褒めてましたよ」っていう感じで後で本人の耳に入ったら、その人、私を応援してくれる人になるじゃないですか。

新商品なんかで、「あれ、使い心地が私の好みと違うな～」と感じるようなことがあったとしても疑いません。そんな時は、より一層その商品を使ってみて、商品開発の人や、研究員の人が何を伝えようとしているのか。それを感じ取ろうって思うようにします。研究者や生産者、開発者など多くの人が関わって育てて、作り上げてきた商品です。それがやっと出来上がって、私のところまでつながってきた。このリレーのバトンをしっかり受け取って、お客さまに全速力で届けるのが仕事。だから、そこに込められた専門家の知恵や想いを出来る限りたくさん拾うようにします。私が知らなかった新しい世界が、そこにはあるはず。そうやってまず商品を深く理解することがお客さまに対する私たちの責任なんです。私の自宅は、本当にポーラのものだらけですヨ。化粧品はもちろん、シャンプーやコンディショナー、石鹸《せっけん》、健康食品、こだわりの食材、洋服……。いつ抜き打ち検査されても、まったく問題ないくらいのポーラ生活です（笑）。

社員はね、自分の所属する企業を、今以上にもっと有名にしていかなければいけないと思うんです。給料をもらったり、いろいろ教えてもらったりしている社員の責任。会社の知名度を上げていかなきゃならない。私で言えば、今のポーラを、「世界のポーラ」にしていくために出来ることをしたい。そんな気持ちを持って働いているからこそ、大きな視野で本社が決めたことに逆らうなんてとんでもない。だって本社の人だって、役員だって、世界のポーラにしたいという気持ちは同じはずですから。皆さんの所属している会社だって同じなんじゃないでしょうか。

08/25

出し惜しみしない。

私は、100年先にも、500年先にも続くポーラという企業の〝途中〟に関わらせてもらってるという意識を持ってます。私が死んでからもポーラはもちろんなくならないので、バトンをきちんとつないでいくのが私の仕事。これってどこの企業でも、組織でも、ある程度は同じじゃないでしょうか。自分の代だけで終わらせる！　っていうのは、作家さんや画家さんのような方くらいじゃないでしょうか。

だから、今の人だけじゃ終わらなくて、私たちの次の、今からの人が会社を支える時が来る。自分が死んだ後も企業は脈々と続いていくからこそ、それを見据えて次に続く人を育てるのも私の役割。私の何かが役に立つなら、なんでも全部出して、全部残していきたい。そんなん要りません！　と言われるかも分からんけどね（笑）。今までやってきたものを全部並べて、使えるもんは全部使えやーって。そんな気分です（笑）。基本的なことは言葉で伝えて、あとはどなたでも、私の現場を見においでって誘います。そこで見たら、自分でまた考えるじゃないですか。だって元はと言えば、私もこれまでに先輩だった方々にいろいろ教えてもらって、ここまで来たわけだし。教えてもらえたから、次の人にまた教えていく。**ノウハウを隠そうと思ったこと、一度もない**です。肺もそうだけど、息をしっかり吐かないと、新鮮な空気は入ってこないでしょ。ノウハウも同じ。自分のアイデアをどんどんどんどんどん外に出したら、新しい、すごく参考になることが自然に入ってきます。

小学4年生の頃に先生に聞いたお風呂屋さんのお湯の話が、出し惜しみしない方がいいと学んだ最初のエピソードかな。お風呂屋さんで、まだお湯がぬるくて自分の近くに巡ってきた温かいお湯をどこにも動かしたくない！　と思っても、そんな時こそ周りのみんなに自分の周りの温かいお湯をスッと流してあげる。どんどん、温かいお湯を周りにあげる。そうするとね、自然に巡り巡って、自分の周辺に温かいお湯が集まってくる。じっとしているより、どんどん温かいお湯を周りに渡してあげたほうが、自分もあったかくなれるんだよ、と先生に教えてもらったんです。仕事をし始めてショップオーナーになった頃に、この小学4年生の頃に聞いた話を急に思い出したんですよね。35歳か、36歳の頃。だから、自分のお店のためだけではなくて、もっと広い、地域全体のために自分のできることをしよう、と思って。そしたらそれが、後になって自分の仲間たちのために戻ってくる。

出し惜しみしてたら、結局自分の周りの小さな組織の中だけで終わってしまいます。みんなを巻き込むためには、自分がお役に立てることはなんでもお伝えしていかないとダメなんです。自分の地域の仲間だけやなしに日本中の仲間にも、私がやってきてよかったことは知ってもらいたいと思てます。損得は考えない。**損得を考える人の周りには、人も、お金も集まりません**。他の地域の人はある意味ライバルだけど、ライバル相手でも何も隠す必要はない。だって、一緒にポーラっていう企業をしょって仕事を頑張っているんだから、お店が違ったって仲間でしょ。そう思ってみんなで大きくなっていった方が、結果的に自分にとっても得がある。隠したり、いじわるしたり。そんなこと絶対にしない。なんでも教える。そうしていると、私の仲間たちも他のお店の人によくしてもらえたりもして、いいことしか起きないねん。仕事でもなんでも、出し惜しみしていたら次のいいことが起きないと思ってます。私は教えてもらいたい！　と思うと、躊躇せずに他のグループの人に聞きにも行きます。以前、秋田の方のグループで若い人をいっぱい増やして勢いのある人がいて、とにかく教わろうって思ってアプローチしました。素直に聞いたら、すぐに教えてもらえました。

前にチェコに旅行に行った時に、石畳の道を添乗員さんに連れられて、日本の国旗を掲げて20人くらいで行動していたら、向こうからチェコ人の集団が来て、ジャパンジャパンって言うんです。そうして、次にはトヨタトヨタって言うんです。日本＝トヨタやねんな。添乗員さんに、他になんて言われますか？　と聞いたら、キヤノンとかソニーとか言うてらしたかな。他に何か化粧品会社の名前は言いますか？　って何度聞いても、ポーラって言ってくれへん。くやしかったー。私はジャパン＝ポーラって言わしたい。それにね、日本で買い物をして領収書をもらう時なんかに「ポーラでお願いします」って言っているのに「コーラですか？」って聞かれること、しょっちゅうあるんです。最近もです。「ポーラです」「コーラ⁇」「ポ、ポ、ポーラです！」「えっ？」「パピプペポのポーラです」「あ、分かりました」っていうやりとり。一年で1回や2回じゃありません。よくあります。これ、くやしいんですー。皆さんは、自分の関わる会社が世間に一番に認められたいと思いませんか？　**自分の会社の知名度を上げるのも自分の仕事**。会社をPRすることをコマーシャルとかだけにまかせちゃダメです。**現場の人のＰＲこそ効き目があるんで**す。だから、仕事に直接関係のある時でなくても、生活の中で感じるこういう一つ一つのくやしかった気持ち、忘れません。ポーラよりトヨタの方が日本を代表しているのか。くそ〜。ポーラよりコーラの方が一般の人に有名なのか。くそ〜。こうやっていっつも覚えておいて、絶対にその状況を変えてやる！　っていう気迫を持つ。だって30年とか40年とか経ったら、世の中って変わります。だからポーラが日本一とか世界一になったっておかしくないんです。私は絶対にこれせなあかんと思うねん。うちの会長や社長がまだまだ若いうちに、この夢叶えたい。早くしないと。だってほら、女性より男性の方が劣化が早いでしょ（笑）。お正月によく見るテレビの新春社長対談みたいな番組にもポーラの社長に出てほしい。うちの社長、若いしすてきなヒトですからきっといいことおっしゃると思うんです。でもね、早くしないと。いつまでも現役でいるには、急がないといけません。日本一、世界一になるためには私たちが頑張らなあかん。1番の会社になってみんなに覚えてもらったら、私たちの化粧品をお客さまの方から「欲しいです！」って言ってくださるはず。みんなで拡大せなあかん。みんなでやったらできる。だからそのために少しでも役立つなら、私のやり方は隠さずになんでもお伝えしたいと思います。

前に地元の商店街の新年会に参加させてもらった時に、私にお店の場所を貸してくださっている大家さんと一緒になってね。その方が「ポーラさんに貸してる」って話したら、他の方が「あんたいいとこに借りてもらってるんやね。うらやましい」そんな風におっしゃったんです。こんなに嬉しいことはなかったなぁ。こうやって、自分の会社＝いい会社って世間に思っていただくことも私たちの役割だから、みんなで、どちらさんもご一緒に成長していかないと、です。

09/25

相手の求める顔を見せる。

昔な、隣り合わせの、喫茶店の奥さんと居酒屋の奥さんがお客さんでした。喫茶店の奥さんは穏やかな人でいつもええ恰好してはって、オシャレで、キレイな人やってん。その隣の居酒屋の奥さんは、なんというか、ちょっとぶっきらぼうな人で。そりゃ居酒屋さんで酔客相手の商売やからそうなるわね。確か、もともとはこの居酒屋の奥さんと知り合いで、後で喫茶店の奥さんを紹介してもらったんだけど。

ある日、居酒屋の奥さんのとこにお邪魔したら「あー本庄さん、今忙しいからそこ座っといて〜。あ、玉ねぎ剝《む》いといてもらえるか〜」なんて言われるわけですよ。もちろん剝きますよ。「私で出来ることなら何でもやるでー」なんて言いながら、ポーラに関係ないことでも何でも、させていただいてました。

でね、一通りおしゃべりした後で失礼して、そのまま隣の喫茶店の奥さんのところに伺ったんだけど、ここじゃ何かお手伝いさせていただくなんてとんでもない。私も、「あ、ママこんにちは。ご無沙汰しております」なんて穏やかな話し方になっててね。さっきまで「そやな〜」なんて相槌打っていた私が「そうでございますね〜」なんて、ちょっと穏やかな話し方になってる（笑）。そしたら、そこにさっきまでいた隣の居酒屋の奥さんがやってきて、「レモン貸して〜な。冷蔵庫開けるで〜。アレ、本庄さん、まだここにおったん」って入ってきた。私が「はい、こちらに寄せてもろてます〜」なんて上品に答えたら、居酒屋の奥さん、目をシロクロさせてね。「そのしゃべり方どうしたん？　頭でも打ったんか？」って心配されました（笑）。

こうやってね、お客さまの雰囲気に合わすのも私らの仕事だけど、それって別に無理やり演じているわけじゃないんです。私の中にある、ざっくばらんな部分、丁寧な部分、面白い部分、そんないろいろを、相手に合わせて見せているだけ。よくね、営業の仕事をしていると自分が二重人格になったみたいで嫌になる、って気にする子もおるけど、そんなんじゃないです。自分を売るゆうことは、相手が見たい自分を見せるゆうことでもあると思います。

お客さんがどんな私を見たいんかなーと考えるようになったきっかけは、私がまだ新人の頃かな。ピンポーンって訪ねた先の奥さんが、ちょこちょこと話したら「ポーラかいな。ここに引っ越す前に九州におった時もよう使わせてもろてたで〜。ローションもらうわ。置いてって〜」ってすぐ買ってくださってね。でもその時に、「あんたなあ、なんか、うっとおしいわ。そんな暗い顔してる人から化粧品を買いたい人なんておらへんで〜。もっと明るぅしいや。明るい感じで持っていかなかったら、どんないい化粧品だって絶対に売れへんで！」って、お叱りもいただいたんです。その頃、全然売れなくてもう辞めようかなと思っていたんですよね。でね、その後にまた伺った時にも「どや、ちょっとは売れるようになったか？」って声をかけていただいて。「ぼちぼちですねん」って小さな声で答えたら「あんたな、前にも言《ゆ》うたけど、ちょっとうっとおしいで。服かてバリーッとせんかったら、高級な化粧品なんて売れるわけない。化粧ももっとちゃんとしい」こんな風にめっちゃ言われたんです。伺って怒られ、伺って怒られ。嫌やったけど、私、考えてました。あー、親戚のおばちゃんだったらこうやって注意してくれるんやろなーって。赤の他人で、それもお客さんなのにこんな風に言ってくれるなんて、私の応援団やなーと思って。伺うたびに「頑張らんかい！　ポーラはいい商品やでー。頑張れよ〜」って言ってもらって。こんな風にお客さまに育てられてきて、あ、お客さまの見たい本庄を見せなきゃって思うようになったんです。

　皆さんは、仕事をするときに、一般のお客さま相手、ビジネスのお客さま相手、自分の部下、自分の上司、みんながあなたに「求めていること」を意識したことありますか？一度考えてみたら、毎日の仕事がスムーズになるかもしれません。相手に合わせろ、相手に媚《こ》びろ、と言っているんじゃなくて、**あくまでも自分の中にある「○○さん用の自分」**

を見つけるってこと。これが出来たら、仕事って思っている以上にスーッと進みます。

私は今は、ほとんどお客さまに直接接することはなくなってしまいました。ちょっと寂しいですね。もちろん数人はいらっしゃるんですけど。本当はカウンセリングをしたり、美容の提案をしたりするのは大好き。でも今の私の立場だと、なかなかお客さまの時間に合わせることができない。「その日は駄目なんです」「その日は研修で東京に行かなきゃならなくて」なんて私の都合を言いたくない。だって、偉そうに見えるでしょ。だから、私以上に腕前のあるビューティーディレクターを紹介させていただきました。でもね、いまだに新人の頃の実地体験でお客さまから教えていただいたこと、とっても役に立っています。

71　相手の求める顔を見せる。

10/25

現場声がけ第一。

昔々、私は19歳の頃に東レという大きな会社に就職したんです。秘書になりました。当時、秘書というのは会社の役員のお嬢さまや、知り合いのお嬢さまがなるような職業で、普通に入社してもなれへんのやけど、私、どうしても秘書やってみたい、と思て。どうしたらなれるか、入社してすぐ考えました。字がキレイじゃないとダメだろうからと思てペン習字したり、朝はとにかく早く出社してね。もちろん役員さんがお帰りになる遅い時間まで会社にいるようにして。まだ秘書じゃなかった頃から半年間、必死に秘書のトレーニングをしました。他に習い事やら学校やら行くのもやめて、秘書になることに賭けよ、と思て。

そしたらね、抜擢されたんですよ、秘書に。見てたんやろねー、上の人が私の姿を。毎日、秘書になれたらいいな、なれたらいいなと思っていたら、なれちゃったんです。びっくりしました。

もしかしたら、この秘書をさせてもろた経験が、今の組織づくりにも役に立っているかもしれません。偉い役員さんの本音を聞く機会が増えて、どんな社員をどう評価しているか、とかがポロッと出るんです。あいつはほんまに○○やーとか、ああ見えて○○やー、とか。そうしたら、どういう人が出世するのかなんとなく分かってきたんです。

で、**どういう人が出世するかというと、言葉は悪いけど「会社の便利屋さん」**。東レの平社員でその頃は独身だったM氏は、３課所属だったのに１課のことも、２課や４課のことも、何でもよう知っておられたんです。朝のちょっとした時間やらランチタイムやらにいろんな課の人とおしゃべりばかりする人だったんだけど、いろんな人と仲良うしてるからどんな情報でも知っておられる。**知りたがりって、才能**です。もちろん私のところにも何かのお土産持ってきたりして、役員の情報をスーッととっていったりする。情報はM氏にあり、です。そうすると役員さんも、いろんな課に問い合わせるのも面倒なもんだから、何か知りたいことがあるとまずM氏を呼ぶ。そしたらある程度のことは解決する。このM氏、課長になって、部長になって、結局私が東レを辞めたあとに、どこかの会社のトップになられたという噂もお聞きしました。上り詰めたんです。

あちこちの人と仲良くしてたこのM氏から学んだことが、私の土台にもあるように思います。現場にいつもいて、そこにいるいろんな人と自分の仕事の領域を超えて話をして、仲良くなる。まるで近所のおばちゃん。私の地域を担当してくれていたＩマネージャーは**「近所のおばちゃん力」**と言ってました。Ｉマネージャーも私のやり方を真似して部下の人とよく話すようにしたら、いろいろうまくいくようになったって喜んでいたかな。「よくしゃべるために、部下をよく見るようになる。そうすると、どんな仕事をしているか、悩みがあるのかないのか、自然に分かるようになる。体調がいいのか悪いのかも分かる。逆に部下も僕のことを分かってくれる。近所のおばちゃん力ってチーム力アップにすごくいい！」って言ってくれました。ぜひ、皆さんもやってみてください。

たとえば部長とか、役員とか、社長とか、政治家の方とか、そういう偉い人も、自分で現場に行って、一つ一つ情報を集める気持ちを忘れない方がいいんじゃないでしょうか。忙しいから大変ですが、そこをないがしろにすると、見えないもんに足を取られてしまうような気がします。外側から集まってくる情報だけに頼るのは怖い。情報の質が偏っていくのも怖い。自分で情報を集めることには、どんなに偉くなっても、忙しくても、こだわった方がいいというのが私の考えです。

現場にいることで現場を知る。それこそが会社発展の鍵。数字だけ見てるというようなやり方だと、何かが起きた時に少し対応が遅れます。現場を見て、一人ひとりの様子が分かっていると変調にもすぐに気が付けるし、対応も早くできる。数字に表れる前に、感じ取れることがある。現場の本音や実際は、なかなか数字に表れないもんなんです。数字の中にあるドラマを見つけるのが面白い。私はそこに表れた数字の意味みたいなもんも、ちゃんと把握しておきたい。営業の仕事だからといって、ただ目標数字をクリアするかしないかをチェックすればいい、というものではありません。毎日血のにじむような努力をして、階段を一歩一歩上がるようにしてクリアした数字なのか。それとも、たまたま棚ボタ式に座ったままでクリアした数字なのか。そこを知っているかどうかは、後で響いてきます。私が自分の仲間のお店巡りをする時は、一日に大体7〜8店を回るけど、こないだ測ってみたら車で一日100キロ以上も回ってました。タクシーの運転手さん並みやろ(笑)。私ね、地図が大好き。頭の中に地図を入れるのも得意。日本地図も、世界地図も、地図という地図は全部好きで、地球儀も持ってますよ。体内地図が出来ているから、運転していてもホント楽しいです。

とにかく、現場はどれだけ見ても見過ぎるということはないんです。動いていることで頭の中に生きた数字が入ってくる。私って本もあまり読まないし、テレビもニュースくらいしか見なくて、じゃ、どこで学ぶんだ、っていう感じですけど、現場の実習、実習、実習、でいろんなことを教えてもらってきたんだと思てます。どんなに鈍《どん》くさくても、**商売の基本は、動いて動いて動いて動き続けること**。皆さん、悩んだら動いてみてください。そしたら、必ずなんとかなる。**賢い人よりも、動く人が勝つ**んです。だって自分が賢いって思ったとたん、もうそこでストップですから。動かなくなる。まだまだ未熟だ！　卵だ！　と思って伸びたいという意志を持って動く子の方が、どんどん変わっていきますよね。

みんながどんな風に仕事しているのか。そのリアリティを摑むことは上の人間の仕事です。部下の主張が足りない、なんて言っていてはダメ。よく、社内営業が得意な部下や、おべんちゃらが上手な人ばっかりがスッスッと出世するような話、聞きますけど、これは上の人間の仕事不足だと思います。これじゃあ、仲間としての絆もできない。みんなが疑心暗鬼になる。たとえばね、私たちはショップオーナーが集まる研修会をよくやるんですが、仲間の一人のUさんは、大阪府でもかなり奈良県寄りの離れた場所にお店があって、研修会をする場所までは山道を通って、車で1時間近くかかるんです。実際に私もそのお店に自分で車を運転して訪ねていくことで、「あーこんなクネクネ道を運転して、いっつも参加してくれてるんだな～」「夜は暗くて、運転するのも億劫だなあ」と、自分で体感してUさんのことを理解できる。「こんなところで工事が始まっている」なんてことまで分かるから、次にUさんに会った時の会話の糸口にもなります。細かいことだけれど、数字でつながるだけではない、ホントの絆が出来てくるんです。

私は「本庄さん、もう来んといて〜」って言われるまで、現場に通い続けるつもりです(笑)。みんなと同じ視点に立っていたいから、現場を見続けます。私自身、迷った時や気持ちが弱った時に現場に行くことで、いっぱい勇気づけてもらってるし。私がふらふらしてる場合じゃないなーって思えるようなことも多いんです。きっちり現場を見て、一人ひとりを見て、正しい情報を自分で仕入れる。別にアポイントをとる必要もないし、長話をする必要もありません。見に行く。目と目を合わせる。何か困っていることはないか、悩んでいることはないか。その瞬間に様子を探る。大丈夫そうなら、少し話をしてスキンシップをして、すぐ次のお店に行く。もしも何か問題がありそうなら対処を一緒に考える。

でもしょげてる人に「頑張れ」とか「ちゃんとやりなさい!」なんて言いません。「元気か〜」「心配してたけど、顔色ええやん。安心した〜」って声かけて、心配していたという信号だけ出します。もっとやれよ、なんて言いません。先方が留守だった場合は「来たよ」と分かるように財布の中のレシートの裏でもなんでもいいから、メッセージを書いてドアに挟んでくるようにしています。とにかく「いつだってあなたを見ているよ」「あなたのことを考えているよ」というメッセージを送ることが私の仕事だと思っています。

現場主義、なんていうとかっこつけすぎかもしれませんが、やっぱり人と人とがいる場所に仕事が生まれるわけだから、一番の現場を常に体で感じることが仕事を成功させるためには欠かせない。とにかく、自分で見ないとダメです。誰かに報告させる、というやり方だと、ほとんどのことは全く見えてこないもんだと思ってます。

 現場声がけ第一。

11/25

怒るのは明日、褒めるのは今日。

カッとして怒鳴ったり怒ったり。私も昔はやっていましたが、今は絶対にしません。それだけはホントに気をつけてます。だって、カッとした時は、伝えないとならない大切なことに、別に言わなくてもいいようなネガティブな〝ガス〟がいっぱい注入されているような状態。そのネガティブなガスと一緒に、自分の主張をシュパーッと一気に発射しても、ガスまみれで言いたかったことが伝わりづらい。**ガスは、必要のない膨らし粉のようなもの**で、伝えなければならないことが逆に伝わりづらくなってしまうんです。受け取る相手も素直に聞き入れられなくて当たり前です。ガスをよけるのに精いっぱい。

だいたいね、急激に怒って怒鳴るような時は、伝えるべきことが1だとしたら、それに対して9がこのガスといってもいい。皆さんも思い当たること、ないですか？　頭にきている時って、その自分の状態にどんどん興奮してきて、言わなくていいようなことまで口走ってしまったり、エスカレートしていくもんなんです。それに、強烈に怒られた側の人も、その後でちゃんといい仕事ができるのかな。萎縮しちゃったり、怒られたことで逆に腹が立ったり。本当は、何で怒られたのかを理解しなければならないのに、結局怒られたことのインパクトで、その真意は伝わらないんじゃないかな、って思います。だから私は、何かカッと頭にくることがあっても、その日には絶対に怒りません。だってね、勘違いってことも往々にしてありますし。自分のルールとして、「怒るのは明日」ということを決めています。

たとえば小さい例ですが、私の事務所のスタッフが、暇な時間があるのに器を洗ってなかったような時も、私はその場でガガガーッと怒鳴ったりはしません。翌朝になってから「昨日、器、洗ってなかったでー。時間ある時に頼むでー」って言うんです。ホントのこと言うと、私も前日は頭にきていたんだけど、1日経っているから冷静に話せる。スタッフも「あーすみません！　やろうやろうと思っていたのに、うっかりしました。すみません！」と謝ってくれる。怒るとか怒られるとかの関係にならずにすみます。部下が直した方がいいことや迷っていることは、ちゃんと伝えて導くことは重要ですが、そのために怒ることは必要ない。感情的になって、ヒステリックに怒ることは何の効果もありません。私はね、後でこっそり教えます。場面場面のコーチングというのかな。怒りまくっても、結局本人が真意に気が付かないから、そういうダメ出しはしないんです。

このないだポーラ・オルビスホールディングスのトップである鈴木会長と話した時にも、この話をしました。会長は「明日じゃ間に合わないこともあるんじゃないですか？」と笑っておっしゃってましたけど（笑）。私の組織は女性が多いし、会長が率いている組織のサイズに比べたらとても小さいものなので、とりあえずは間に合っているかな、と思てます。こんな風に会長と会話させてもらったのはちょっと面白かったです。だって、私は主婦から一介のポーラレディになって、それから地道にやってきただけ。もちろん表彰なんかしてもらう時に話をさせてもらったことはあったけど、こんな経営論っぽい話をさせてもらうなんて想像もしてませんでしたから。仕事って、普通の生活を送っているのでは到底考えられないような、想像以上の絆とか関係とかができて本当に面白いです。

そういえば、娘や息子にも怒ったことがないですね。こないだ娘が孫をガーガーと怒っていたから「私があなたをそんな風に怒鳴らなくても、しっかり立派に育ったじゃない」ってつい諫《いさ》めてしまいました。面白いですよね。私の育児は、とにかく褒めて褒めて褒めまくる育児でした。

〝明日怒る〟ことと同時に、この〝今日褒める〟こともとても大事です。人は褒められると、また褒めて欲しいから言わなくても自分から頑張るようになります。だから出来たことは、とにかく褒めまくる。私の子どもたちが、褒めることで頑張り始める姿を見ていたことも、今の仕事のヒントになっているのかもしれません。強いて言えば、「褒める」と「見守る」をセットで考えることが大切。褒めて褒めて褒めまくる。そして、子どもや部下が頑張ってやっていることを、しっかり見守る。手を出すのではなくて、見ていてあげる。ここで見ているよ、とがんがんアピールすることも大切です。この間、仲間のMさんが「本庄さんは、褒めの達人」って言ってました。大勢の仲間を常に見守って、今声をかけるべき人と、その時にはスルーしていい人を瞬時に見極める。スルーする時は、その子の調子がいい時。サボりたくなったり辞めたくなったりして、弱気になった子は、とにかく褒める。**褒めることには、ばんそうこうを貼って傷を治すような効果もある**のかな。

「本庄さんは、誰かに褒められなくても大丈夫なんですか?」とも聞かれます。私にとってはね、みんなが頑張っている姿そのものが、褒められていることと同じ。みんなが、「本庄さんの夢の月商2億達成を一緒に頑張りましょう!」と言ってくれるたび、ほんとに、褒められているように思います。

傘下の100近くあるお店を日々一生懸命車を飛ばして見に行くのも、この「見ているよ」ということを伝えて「褒める」ため。

たまにこの傘下巡りに付き合ってくれる本社の人には「本当にご自分で運転して、一日にいくつものお店を見てまわるんですね。たまに、ではなくて、毎日、毎日、ずっと続けているので驚きました」と言われます。京都、大阪、奈良と直径約50キロ圏内に広がる数多くのお店のすべてに目を配るのは大変ですが、これこそが私の仕事です。しっかりと表を作って、誰を、いつ訪問したか分かるようにしています。

12/25

負けてあげる。

最近、私の右腕の一人であるSさんが「私、本庄さんに似てきました」って言うんです。何かと聞いてみると、負けてあげる、ということだと。本当は腹が立っていたり、そこまで言《ゆ》うか、とカッとしたりするけど、失礼な話や腹が立つ話ほど、すっとキレイに受け流してあげなあかんって思えるようになったと言ってました。

ある時から、**自分がアホなふりをしてでも人を前に立たせてあげた方が、物事はうまくいくもんだ**と学んだんです。いろいろ疎《うと》まれることもあるじゃないですか。だからね、人を立てて自分は一歩引く。負けてあげる。この精神は上の立場になればなるほど大事です。上の人は、負けてあげることで、自分が救われることになる。

たとえば、誰かが致命的な間違いをしたような時も、「負けてあげる」と相手はホッとします。実はこの本の取材でも、スケジュールの勘違いがあったんです。私は、休日に自宅で朝から手料理をたくさん用意して、仕事仲間もいっぱい招いていた。で、さあそろそろ取材の人が来るかな〜と思って電話したら、まだ取材陣は東京にいたんです。ちゃんと日程を確認してなかったから、お互いに1日勘違いをしていたんです。あ〜残念〜って本当に思ったけれどそこで文句を言ったり、本当はどっちの日が正しかったのかって言い合っていても、関係が悪くなるだけ。どうにもならない。もともと、私も数日前にちゃんと確認をすれば良かったんです。相手のせいにするんじゃなくて、負けてあげるの精神で、自分が確認していなかったことをちゃんと反省する。そんな風に思えるようになると、本当に人間関係って変わっていきます。実際にこのことがあってから、取材をしてくださる方とはそれまで以上にいい関係になれたと思います。

結局ね、**負けた方が楽やねん**。負けるということは、全部が相手中心。相手中心にものを考えて、「あんたの考えが正しいな。ごめんな」って言う。そうすると相手はスッとして楽になる。こっちも「私は、本当は負けたわけじゃなくて負けてあげた。うまくいって良かった。これでええわ」なんて思てるわけです。

こっちがどう思っているかの本心は、目に見えるわけじゃないし、これでいいんです。お互いに気持ちよいわけです。

こんなことを書きながら、ホントは私、ものすごい負けず嫌いなんですけどね。ちょっとした遊びのゲームでも負けたくない（笑）。70歳の頃だったか、テレビを見ていて体操選手の人が懸垂をするのを見て、自分もやりたくなって公園に行って、やってみたら肉離れしたり。もうめちゃくちゃ。だから、〝負けてあげる〟も実のところは〝負けて勝つ〟をやっているのかも。もっと言うたら、「負けてあげた」という風に言うことで、自分に言い訳してんねん。本当はどうか分からないけど、「負けたわけじゃないねん」「負けてあげたんや」って自分を納得させることもできる。

あ、これ、内緒ですね（笑）。

13／25

人は逸れていくものと心得る。

私の組織では、定期的な研修会や勉強会がものすごい頻度で行われてます。ある時は生徒役の人が他の会議ではトレーナー役をするなどして、かなりフレキシブルな形をとっています。誰もが生徒であり、トレーナーである、という風に勉強をしているんです。これ、とってもいいですよ。たとえば普通の企業だったら、入社して数年という子が新入社員のトレーナー役をする感じでしょうか。まだ人前で話すことも緊張するような時期だけど、新入社員の前では先輩でいなければならないという気持ちがあるから、自分たちの仕事のことをちゃんと説明できるようにものすごい準備をする。実際に講義する内容を何度も練習する。こうやって、自分の仕事を口に出して説明しようとすることは、実は、自分がやるべき仕事について再確認するいい機会になっているんです。

うちの組織で「ワーク」と呼んでいる、ビューティーディレクターが初めて受ける研修は、一番経験の浅い新人のショップオーナーがトレーナー役を務めます。私は後ろの席でじっと見守るだけ。口は出しません。トレーナー役の子もものすごく緊張しているんだけど、新しい仲間を不安にしてはいけない！　という想いも強いので、かなり頑張ります。こういうトレーナー役の経験を経ることが、人前で話すことに対しての苦手意識を克服することにもつながって、営業の仕事のスキルアップにもすごく役立っていると思います。

こういう試みは、若い世代だけでなく、課長は係長に、部長は課長に、仕事の内容や会社の理念などを語る機会を作ってみてはいかがでしょうか？　自分の人生の悩みや、それまでの経験がもたらした悩みなどから、仕事へのスタンスが逸《そ》れてしまっていたり、すらすらと言えなければならない理念や仕事の内容がパッと出てこなかったりすることがあると思います。人は教えられたことを忘れはしなくても、ちょこっとずつ道が逸れていくことはあるから、とにかく定期的に、くどいくらいに仕事の仕方や意識の持ち方の研修を続けていかないといけないんです。

私の組織でも、仲間の一人のYさんは、今ちょっとチームの中がごたごたしてる。そうすると、そのごたごたが気になって、いつも組織全体で目標にしていることや、美意識みたいなもんが薄れてしまうことがある。**人ってロボットじゃない**から、そんなもんです。人は考えていることが逸れてしまって当たり前、というところを基準にして考えた方がいいと思います。

私は、若い頃にいろいろ講演会で話をさせていただいたことがすごくためになりました。自分の仕事も超忙しい時に全国行脚《あんぎゃ》してまわるわけだけど、そういう場所で、他の人に伝えることで自分の考えがしゃんとしてきます。人に話すことで、自分の考えがピーンと体に染みついてくる感覚。講演会などの機会をいただいていたことで、自分自身が逸れていかないように、訓練が出来ていたのかもしれませんね。これはね、語学の勉強なんかも同じなんやないかな。小さい時から、毎日毎日生活の中で「おはよう」って言っていたら、もう何も意識しなくても「おはよう」って言えるようになる。たまに特別なことのように勉強しただけでは、勉強している間は覚えているけれど、少しお休みしてしまうと忘れてます。でも、毎日毎日繰り返して覚えたことは数年たっても忘れない。

人って忘れっぽいし、考え方も状況に応じて逸れていってしまうもの。だから、**習慣になるまで体に叩き込む**ことが大事です。

93　人は逸れていくものと心得る。

14／25

命令より意見。

私たちの組織は、学歴もさまざま、年齢もさまざま。普通の会社のように、大学を卒業して毎日働くことが当たり前、という意識で入ってくる人ばかりではありません。固定給ではなく、年功序列でもなく、役職もそれほど細かく分かれていない中で仕事の会議をします。そうすると会議中には十人十色のいろいろな意見が出てきて、私が決めて話した方が結論は早いような議題もありますね。でも私は一番最後まで、自分の意見は言わない。なぜかというと、私が話したとたんにそれは命令になって、議論が止まってしまうから。指示になってしまう。若い人がどんなにいい知恵を持っていても、なかなか私には勝てないじゃないですか。経験だってあるし、立場もあるしね。私たちは同じ組織の仲間ですが、一人ひとりが自分なりのやり方を工夫しながら、いろいろな成功パターンを作れるのもポーラの仕事のいいところです。だから一つの方向に決めすぎるのはよくない。そう思ってます。「知らんかった」「なるほど〜」「さすが」そんな風に相槌を打つのが、会議の時の自分の仕事と心得てます。それで、若い人の意見を取り入れたからといってひっくり返るようなことにならないのであれば、なるべくその意見を取り入れてあげたい、と思ってます。

たまにね、企業の管理職の方がテレビ番組で「若手の意見が出てこない」と嘆いているようなのを見ると、「意見を出す会議をやっているの？」と聞いてみたくなる。若手の意見をきちんと聞こうとすれば、時間もかかるし、脱線もするし、要領は得ない。**きちんと聞いてあげるって、かなり体力のいること**ですよ。それに、初めから「こうすべき」「ここがゴール」ということを暗にほのめかすような会議だと、その枠から飛び出たような考えは出てきません。

それに、上の人間は議論をスピーディに進めることを重視しがち。これも要注意やな。いったん、効率を重視して上の人が進めだしたら、もう下の人間は考えないし、発言しなくなってしまいます。もちろん先輩や上司は最後には決断をしなければならないけど、それは意見を出し合った上での決断であるべき。そうすればみんな納得しているわけだから力を出し切ろうとするんです。命令だと、言われたことだけやればいいという姿勢になりがちで、結局、命令した人に責任を押し付けて自分はサボりがちになるなんてことがあるんと違いますか？　どんなに新人さんであったとしても一人ひとりは意見を持っているわけだから、一緒に話し合った方がいいと思います。

あと、上司は難しい仕事、部下は簡単な仕事、なんていう風に分けるのもよくないですね。たとえば私んとこは、私が朝一番早く出勤して掃除をパパーッとします。掃除得意ですねん。「なんでトップの本庄さんが掃除しているの？　誰か若い人とか新人さんの仕事なんじゃないの？」とよく聞かれますが、得意なんだし嫌じゃないんだから私がやるのが一番いい。たとえばパソコンなんかは私はまったく分からないわけだから、私が得意の掃除をしている間に、若い人にはパソコンを使った作業をしてもらった方が適材適所でいいわけです。本当に掃除は得意ですよー。体を動かしているのが好きなのかもしれませんね。

15/25

とことん遊ぶ。

ポーラには全国大会という表彰式が年に2回あります。これは、営業成績のよい人だけが招かれる大きなパーティですが、毎年海外、国内で盛大に行われているスゴイ会です。大会によって参加人数は変わりますが、毎回1000～2000名くらいが参加してるかな。ポーラのビューティーディレクターは全国に13万人いるわけだから、この場に来られる人は非常に優秀な成績を残しているということです。ちょっと自慢してしまうと、私はかれこれ60回は連続して全国大会に出席をしています。連続30年参加していることになります。全国大会では、いろんな昇格や目標達成率で社長から表彰してもらえたり、各種のエンターテインメントがあります。有名歌手や人気タレントさんのショーなども行われて、とっても楽しかった。準備をしてくださる本社の皆さまの大変さも想像できます。2010年のパリ大会は、なんとルーブル美術館の地下を借りて行われたんですよ。他にも、バリやオーストラリア、ハワイ、台湾、マカオ、グアムなどにも行かせていただきました。

さて、ここでちょっと写真を見てください。（102ページ）すごくないですか？　これ全部、私の全国大会の参加衣装です。『ベルサイユのばら』をイメージした宝塚テイストの衣装や、アナと雪の女王、かと思えば頭にスカイツリーをのせたり、電飾でキラキラしたドレスなど……。毎回かなり目立つコスプレ衣装で参加していて、ちょっとした大会名物みたいになってます。こう書くと、私がよっぽど変わり者の目立ちたがり屋のおばちゃんみたいに思ってません？　これは、実は私の楽しみというより仲間のため。全国大会に参加するポーラの仲間に楽しんでもらいたいと思ってやっております。

全国大会に参加できるかどうかは、半期の売り上げなどの成績によって決まります。成績がいいと本社が招待してくれるわけですから、成績が確定する大会実施の2ヵ月ほど前にならないと本当は参加できるかどうかは分かりません。でも、私の衣装の検討は実は大会の6ヵ月前から始まるんです。少し前に話題になっていた紅白歌合戦の小林幸子さんや美川憲一さんみたいです。彼らほど大掛かりな衣装ではないですが、素人ばかりの手作り。実は私は衣装のコンセプトや具体的なことに、一度も関わったことはないんです。毎回、仲間の中でも若いスタッフが「今回は私に考えさせて」「私はメークをさせていただきたいです」と手を挙げてくれて、私は基本的にはそのスタッフにすべてお任せ。これは嫌だとか、これをしたい、なんていうわがままは一切言いません。「どんな格好をさせられるのか、不安じゃないの？」「いい年齢なのに、こんな風に毎回コスプレをして恥ずかしくないの？」とよく聞かれます。私は全然恥ずかしくない。というか、私がみんなの言うとおりにすることで、仲間たちが盛り上がって全国大会がみんなの記憶に残るなら、いくらだってさせていただきたいです。大会で初めて会う若い人たちにも「一緒に写真を撮らせてください」とか「(写真を) お守りにします」なんて言ってもらってるんです。**先頭に立っているようで、私はみんなの盛り上げ役**です。大阪人特有の、面白くしなくちゃ嫌！　っていう性格もあるのかな。

なんていうか、**いたずらも大好き**なんです。たとえばね、レストランで席を待つ時に、リストに名前書いたりするじゃないですか。その時に私、〝吉永さゆり〟って書いたりします。で、ドキドキしながら呼ばれるのを待つ。私の番が来るとお店の人が「よし、吉永……、さ、さゆりさま、２名さま……。いらっしゃいますでしょうか？」なんて、ちょっと挙動不審になって (爆笑)。近くで待っている他のお客さまもキョロキョロして。もうおもろうて、おもろうて。だって、本名で書くように、なんてことは言われてないでしょ。**待っている時間だって、楽しむが勝ち**です。

仲間の一人のSさんからは、「本庄さんは、長嶋茂雄さんとか、美空ひばりさんみたいな、ある種の象徴ですね」って言われました。ほんと、恐れ多い！ (笑) でもそうやって、みんなに私という素材で遊んでいただきながら、ポーラの一つの時代の象徴になれたら、こんなに嬉しいことはありません。

過去の全国大会での本庄さんのコスプレ・アルバム

16/25

苦しい時は、原点回帰。

ある程度ベテランになってくると、スランプが来たり、うまくいかなかったり、仕事で苦しい時って絶対にあります。仕事人生、一生順風満帆ということはありえない。誰かに聞いたけど、**一生のうちに3回は、仕事の修羅場があるんやて。**言い換えれば、3回は修羅場を越えないと一人前になれない、ということなんかな。私は、仕事で苦しくて仕方がない時は、原点に戻ってみるというのがよいかなと思てます。でもね、戻り方にもルールがあって、あんまり長いことずっと原点に戻るのはダメなんです。

私の場合は、なかなか組織が大きくならずに、それどころか仲間がどんどん離れていってしまう時がありました。34歳、35歳の頃。5〜6人の仲間が一気に辞めていったんです。この時、苦しくて苦しくて仕方がなかった。どうしようもなかったんだけど、いろいろ考えてみて、原点に戻って、一人の美容部員の立場に戻って、お客さまへのカウンセリングを一生懸命することに改めて没頭してみたんです。そうやって自分が仕事を始めた頃の立場や仕事に戻ることで、忘れていたことがフッと戻ってくる。気づくことがある。そのうちに、元気という虫が飛び込んできました。

原点に戻って、自分の基礎になっている仕事を改めて見直してみることで、自分が求められる喜びを感じたり、お客さまがいるからこういう仕事をしていたんだっていうことに改めて気がつくわけです。でもこの「原点に戻る」というのは、逆に怖い一面もあります。私たち美容部員で言えば、お客さまへのカウンセリングに没頭することは一種の麻薬。自分の満足感もあるし、お客さまも喜んでくださるし、もう、嬉しいばかりで辛いことが少ないんです。少しくらい販売がうまくいかなくたって、お客さまと楽しい関係があるからそれでいいやと思いがち。でも、それは仕事を大きくしていくという側面でいうと危険です。仕事というのは、特に組織であれば役割が変わってくのが正常。どんなにやりがいがあっても、その一つの仕事だけを一生続けるのは難しいし、それは、成長するという意味ではいいことではない。だから、原点に戻って元気の虫が出てきたら、また新しいところに出かけていかなければいけません。

若い頃や新人の頃に戻って、新鮮な想いを取り戻すために原点回帰するのは大事なことだけど、**ずっとその原点に戻ったままはダメ**。だって、もう若い頃とは違う、というれっきとした事実があるから。言ってみれば、20代は子ども。仕事で間違ってもOKだし、何を言ってもOK。この若さそのものに価値がある。30代はねえちゃん、にいちゃん。イケイケです。バリバリ。で、40代になってやっと大人。20年間大人をしてきて、言ったことに責任を持つべき時代に入る。そして50代はおばちゃん、おじちゃん。大人でかつ、相手を許す包容力が必要な時代に入るわけ。その先60代、70代になったら、もう世話してもらって介護してもらう時代が近づいてるわけだから、どんな時も素直になることが大事になる。こうやってね、年齢で失うものばかりではなくて、役割が変わっていくんです。積み重ねで入ってくるもんもいっぱいある。自信もついてくる。ちゃんと仕事を続けていれば、いろいろな経験が血となり肉となり、自分を助けてくれます。焦ることはないんです。

少し話はそれるけど、「自信がある」と「自信過剰」の違い、分かりますか？　自信は自分が経験してきたことに裏付けされているもの。声を大にして自慢することでもなく、事実として、謙虚に語る経験の先にあるもの。それに対して自信過剰は、自分はこんなにすごい、とPRするもの。私ね〜コレがこんなにできるんです〜という風に言ったら、自信過剰。自信があるかないか、というのは別に人に言うべきことじゃない。経験があるという事実に対しては、自信を持っていい。でも、その自信にちょっと上乗せして、過剰に人にアピールすると自信過剰になるわけです。仕事を続けるうちにスランプになったら、期間をしっかり決めて原点回帰をする。それとともに、自信過剰になっていないか、自分自身の言動を見返してみる。こんなことも大切やと思てます。

17/25

熱いうちに決める。

会社では目標設定をする機会がありますが、これ、いつやってますか？　私の組織では、ものすごくいい想いをした後に、必ず目標設定をするようにしてます。鉄は熱いうちに打て、じゃないけど、気持ちが熱いうちに目標を宣言するのってすごくおすすめです。「15　とことん遊ぶ。」でも紹介したポーラの全国大会。毎回いろんな場所で開催されます。パリやらバリやらタイやら、京都、横浜、東京。朝から夕方まで、表彰やイベントやパーティが続き、夕食も本社にご馳走になります。一年に2回、もうそれはそれは華やかな一日で。でもこの一日の終わりに私の仲間は夜23時過ぎから一つの部屋に集まって、その日の感想と、次の半期の目標を全員、みんなの前で発表してます。夕食でお酒も入っているけど、それでも毎回、必ず。ホテルの宿泊部屋の一室に寝る前に何十人も集まって、もう、ベッドの上から、椅子から、床から、ぎゅうぎゅう詰め。こないだは総勢60名くらいだったかな。ここでね、その日パーティに参加して感じたことや、その日までの半期で悔しかったこと、これからの目標をみんなの前で口に出して言う。悔しかったことを思い出して泣きだす子もおるねん。私はね、せっかく本社がたっくさんのお金かけて、私らを盛り上げてくれたことをちゃんとその後の活動に生かさなきゃ！　と思てるんです。絶対にプラスにしないとあかん。「あ〜、楽しかった」「明日から、また頑張ろう」ってふわっと終わらしたらせっかくの仕掛けがもったいない。こういう全国大会だって、これからの決起のための仕掛けと思わな。横浜の時は、結局23時から25時くらいまで続きました。明日から、じゃなしに、今日から次が始まっている、っていうことをしっかりと意識することはかなり大事です。もしも落ち込んだ時に目標立てたら、スタート地点がマイナスです。でも、楽しい思いをさせてもらって、思う存分遊ばせてもらった後なら、プラスのスタートになる。もっと頑張りたい、この経験を次もしたいって思う。この大会に参加している人は全国の精鋭たちだから、そういう勢いも感じる。負けたくないとも思う。**目標は調子いい時に立てた方が絶対にいい**。ここが一番いいタイミングなんです。

だいたいね、給料をもらってる以上はつっぱらないといけないんです。絶対に成果を出さないとあかんやろ。給料に見合った仕事しようと思ったらどんなに苦しいか。でも、しんどいなんて言ったらいけない。とにかくガツガツ動かなあかんのやって思てます。会社の給料には期待料っていうのも含まれていると思うから、お金をもらったら、そんだけのことが出来てるか考える。誰でも同じ一日24時間しかない中で、うまく時間を使いこなして、期待されることの120%はせなあかんねん。100%は当たり前。毎月給料をもらうんだから、ちょっと余計に、120%は返していかないと。それが仕事だと思う。給料というのは、もらって当たり前のものじゃないんです。サラリーマンだと100やっても80やっても、120やっても、給料は同じ額。だから120やると損したような気がしてしまうかもしれん。でもね、将来的には絶対に120を続けた人が勝つ。だから自分が奮起できるようなタイミングで、高い目標を掲げるべきなんです。

私の組織がこんなに大きくなる前から、この、パーティ終了後の夜中ミーティングは実施してきました。最近でこそ、60名とか、80名とかに膨れ上がるけど、始めた当初は4人だったかな。たった4人だけだったけど「今日、どやった～?」って何気なしにみんなに聞いたら、すごく興奮して、前向きな話が始まった。だったらこれからは、全国大会のたびに、その場所で目標立ててよ、って話して。そこからの伝統です。

テンション高い時に立てた目標ですが、仲間みんなの前できっちりと発表するから、もうサボることはできない。帰ってから「あん時はあん時で……」なんて到底言えへんでしょ。どう?　私、結構策士だと思わへん?（笑）

18／25

女性の組織では、王子さまになれ。

私達の仕事は女性ばっかの世界。母性本能の仕事で、いいこともあるけどマイナスもあるんです。大きな声では言えないけれど、嫉妬、喧嘩もしょっちゅう。そんな組織がうまくいく秘訣の一つとして、「上に立つ人は王子さまになれ」って教えてます。これ、普通の企業でも、特に女性の多いチームでは役立つと思います。

部下はみんなお姫さま。お姫さまが大勢いて、みんなが「王子さま〜、こっちを向いて〜」って叫んでいるような感じをイメージしてください。お姫さまはみんな愛を求めているから、「知らんねん」なんてそっぽ向いたら絶対にあかん。えこひいきもあかん。ひいきのルールは、作ったらあかんな。みんなそれぞれ認めて欲しいんです。大勢の会議で全員のお姫さまとちゃんと話す時間がなかったような時は、ほったらかしてしまった子には「あ・と・で♪」と耳もとでささやいてウインクしておけばOK。それで後で電話をしてあげる。よく考えてみると、私が女っていうのは得なことですね。だって、一応女だから、部下をどんなに触っても、たとえお尻を触っても嫌らしいことにはならないでしょ。手をさすったり、肩を抱いたりしながら、スキンシップをとって、お姫さまである部下の子と一緒に仕事をする。この仕事を始めてから44年間触りまくりました（笑）。こんな風に思うようになったのは、昔は私が人一倍女性的で、子宮で物事を考えているような動きをしていたからやろなあ。仕事のことでも、男のことでも、とってもヤキモチ焼きだった時代があるんです……。だから今、王子さまになれ、なんて言えるんでしょうね。

簡単に言えば、女性の組織をうまく回すために、女性の喜ぶことをしたらいいということなんです。髪を切った子がいたら「髪切ったんか〜。ええね〜」、ちょっと元気のない子がいたら「どうした〜。ちゃんと食べてるか〜」って一言でいいから声をかける。大丈夫やでー、大好きやでーって抱きしめてやることって本当に大事。あんたの苦労分かるよーって、気持ちに寄り添う。そんなことって馬鹿にされるかもしれませんが、本当に大事です。

今ね、ちょっと落ち込んでいるチームが1つある。ここのトップはものすごい働きものなんだけど、遊びの時間が一切ないくらいに自分自身の仕事を詰めこんでます。お客さまにエステしたり、化粧品のことを丁寧にお伝えしたり、そういう時間で精いっぱい。これは本当に心配。だって、このトップのYさんの下には何人も仲間がいるんです。Yさんを王子さまと思って慕って入ってきた子らは、ちょこっとでも自分の方を見て欲しいと思ってる。なのに、Yさんが、自分の仕事があるから次に行かないと！　って走り回っていたら、新米さんが辛くなる。褒めて欲しい王子さまに褒めてもらえない。見て欲しい王子さまに見てもらえない。このストレスは組織全体の士気に関わってきます。王子さまに褒めて欲しい、自分を見て欲しい、という思いで頑張る子らの一生懸命さがなくなったら絶対に売り上げは落ちてしまう。

Yさんは、自分も忙しいし、下の子全員に同じことをしてあげられないから、みんなに平等に「何もしない」ようにしたって言ってた。おんなじことをしてあげるのが平等。でも、私は違うと思う。平等っていうのはそんなに物理的なことと違う。放っておいて欲しい子はポンと放り出して、後ろで見ててあげる。でも、チュッチュして欲しい、いつも好き好きって言って欲しいと思う人にはしてあげる。これが私の平等の考え方。相手が求めることをそれぞれの身になって考えて、それを実行することが平等で、**同じことをするのが平等というわけじゃない**。だって、受け取り方が相手の性格や状況でまったく違う。チュッチュして欲しくない人にまで平等にしたら、その子は帰ってから「うえ～」って吐いてしまうで（笑）。結局、王子さまは、バタバタ自分の仕事だけしててもダメ。ちょっとお茶でも飲もか～って言って、会議の後に下の子を誘うのも仕事やで。そういうのを待ってる子もいるねん。それでちょこっとだけ話聞いて、「どやった～」「分かるで～」「ほな、それやろな～」って話すだけで、その下の子はものすごい頑張ると思わへん？　直前の会議で聞いた話の内容だってグッと頭に入ってくる。頑張ろうって馬力も湧く。そんなもんです。上に立つ王子さまになったら、**ルーティン9割、その他1割**。最低でもそのくらいのバランス。この「その他」の時間も、空けとくという意識じゃなくて、これ自体が仕事や、っていうことを芯から理解しないとならない。雑談して、一緒にご飯を食べて、お茶を飲むゆうのも仕事のうちや、ゆうことをこころの底から理解せえへんかったらダメ。**飲まず食わずで仕事していても、それは仕事してるんと違う**。トップが「一生懸命仕事しているから邪魔しないで」なんて言ったら最悪。「私がやらなかったら、あんたらせえへんやろ」「私が代わりにやってんねんで」「私がいなくなったら売り上げどうなんの」なんていう気持ちで、目ぇ吊り上げて仕事していてもダメなんです。飲んだ食ったも仕事のうち、っていうことが腹の底から理解できないとね。

昔から、男の人が飲み屋さんで芸者さんをあげてどんちゃん騒ぎをしてますやろ。なんであんなアホなことせなあかんねんって思うけど、こういうことが江戸時代とかもっと昔から、仕事の社会では続いてきた。伝統的なことと一緒で、ずっとすたれずに続いてきたことには意味があるねん。歴史的な意味。歴史は物語る。取引先や部下とうまくいくためにはそういう遊びの時間も絶対に必要やね。

「本庄さんは、えこひいきは駄目。みんなをお姫さまと思えって言うけど、苦手な女性はいないんですか？　苦手な人には、どうやって応対するんですか？」そんな質問をされたことがあります。答えは、「嘘つきになる」(笑)。私だって、いじめっ子を見たら腹が立つし、そんな子は苦手。あんまり会いたくないな～、会っても上手に応対できないな～。そんな風に不安な時は、「うわ～、すっごく会いたかったけど、どうしてももう出かけなくちゃ……。残念～。珈琲と、ほら、あの子が好きなお菓子、出してあげてね～。ほんでよろしゅう言うてや～。会いたかったな～。残念～」……。こんな風にスタッフさんに伝言を頼んで、自分は出かけてしまう。逃げちゃう。嘘も方便です。こんなん伝言しとけば、スタッフさんが「本庄さんがすごく会いたがっていたよ」って伝えてくれて、そしたらその子も上機嫌。とにかくね、私は誰のこともマイナスは言いたくないし、大事な仲間だから。

いつも王子さまになるように考える私だけど、もちろんいばってるわけじゃないですよ。お店には誰より早く来て、一番遅く帰る。「え？　一番偉いのになんで？」ってよく聞かれます。でもね、この歳でこんなに多くお給料もらっていると思うから当たり前、えんちゃうかな、って思う。給料もらっている分はしっかり働く。**働く王子さま**、です(笑)。

19/25

1人より2人。

女の人はね、子宮でモノを言って、子宮で考えるってよく言われるけど、理屈やないねんな。だからね、自分が育てた部下がショップオーナーになって新しくお店を出して、その子がウワーッと成績上げた時に、なんでか知らんけど面白のうなって、キーッとなって、ついやきもちをやいてつめたくしてしまう人もいます。傘下（部下が出したお店のこと）をつめたくしたらあかん！　って常日頃から言っているけど、もう理屈じゃないから止まらない。男の人にはない感覚じゃないかな。男はビジネスとして考えられるから、部下の店が大きくなったら自分にも利益があるし、よっしゃー、ラッキーと思うだけ。女はね、ビジネスだけじゃダメ。部下だった子がやたら華々しい成果を上げだすと嫉妬すんねんな。これはね、もう子宮があるもんにしか分からん感覚。

こんな風に話してる私も、実は若い時に自分の部下だった子がガーッと成績上げて、正直嫌やな、って思った。私はね、その時は原点に戻って、毎日毎日お客さまと向き合うことでまっとうに仕事することで、元気になって、本来の自分を取り戻しました。

この状態を脱するための正解は、もう1人他の部下を育ててショップオーナーにすること。それも、なるべく早く。自分の下に2人、ショップオーナーになる人間ができると落ち着くねん。2人子どもがいると、自分は親としての立場でいられるようになる。1人しかいないと、自分とその子が1対1になって、対抗してしまう。子どもの方がすごい売り上げになったらどうしよ、怖い！　っていう恐怖感から逃げられへん。女性が多い会社だったら、私は**女性の上司には2人以上の女性の部下をつけたほうがうまくいく**と思う。これがね、女性の上司1人に男性の部下1人っていう1対1やったらかまへんのやで。女同士の場合に限って1対1はあかん。部下の方がパソコンができて、上層部にも評判がよくて……なんてなったら、なんとかして足を引っ張ったろと思って中傷がはじまる。こういう感覚は、男の人には理解できひんやろなあ。

それから、もっと大きい組織になったら根回しを意識するのも大事。それはね、前に私の上にいた先輩に教えられました。「今度こんな新しいことしよ思うけど、本庄さん、どない思う?」って言われて。でも、そんな風に聞いてくれてるけど先輩の中では決まってんねん。で、いい例、悪い例をいろいろ出してくれるから、もちろんいい例を「それいいですね！」って言ったら「本庄さんもそう思うか。私もそう思う！」って言われて。私は、自分の意見のように言ったけど、その時「あ〜これは根回しだな〜」って気が付いた。それまでは私の組織も小さかったから根回しなんか必要なかったけど、やっぱり組織のサイズに応じては必要。ポーラの仕事だと、ショップオーナーが3人くらいの組織なら、根回しはいらないかな。ぶっつけ本番で聞いてみたらいい。でも、5人になったら根回しする。なんとなく根回しって言うと腹黒いように思うかもしれないけど、そういうことじゃないんです。言葉を換えれば個別相談みたいなもん。

あとね、仕事を一緒にしていくなら、やっぱり自分も素直じゃなきゃならないし、仲間にも素直な人を探した方が早い。賢くてずるい人は、苦労しますよ〜。生まれ持った性質もあるから、なかなかずるい人は素直にはならない。伸びづらいやろな〜、可哀想にな〜と思て見てます。なるべくお互いに自然体でいられるような仲間が増えていったら、いいと思います。

20／25

上に立つなら着ぐるみを。

働く人を見ていると、オオカミとウサギがいると思います。上司になったりショップオーナーになったり、その上になったりするのは、自分が先頭をきっていくオオカミタイプの性格の方が楽にできるような気がする。でもな、別に生まれつきオオカミじゃないと成功しないということじゃない。生まれはおっとりとしたウサギでも、仕事の時はオオカミのように振る舞えばいい。生まれがオオカミでも、仲間とうまくやるためにウサギになった方がいい時もある。そやな、上に立ったら着ぐるみを着る術《すべ》を覚えましょう、ゆうことかな。**生まれたままの姿や性格で仕事をしなきゃいけないわけじゃない**からね。

私はたぶん生まれはオオカミだけど、ずいぶん若いうちにウサギの着ぐるみをしっかりと着こんだタイプ。ウサギの近くにはオオカミが来ることを知っていたから、着ぐるみウサギになって、すぐに頭角を現してくれるオオカミを待っていたわけです（笑）。私の仲間の中でもトップクラスのMさんやOさんに初めて会った時も、「オムライス一緒に食べながら、ちょっといろいろおしゃべりしよ」とか「せっかく来たんだからちょこっとやってみたら」とか。まさにウサギ的アプローチ。まさか私がオオカミなんて思いもよらず、来てくれたんちゃうかな。そやって「あんたのおかげ、さすがやわ〜」「あんたようやるなあ」っていう風に、ウサギ風の自分になって周囲の人をヨイショして有頂天になってもらって、働いてもらってきたのかも（笑）。

私の仲間に、本当に心底オオカミタイプって人もいます。一匹オオカミ。でもこのHさんが本当に賢くてな、いろいろ完璧に分かっているくせに「私、分かんない」とかいつもウサギみたく可愛らしく言うねん。着ぐるみ術の上級者やで。経験が多ければ多いほど、上に立つ人は着ぐるみの着方がうまくなるねん。

あとね、動物つながりで、ついでにもう一つ。キャンキャン吠える犬は、こっちが怯《おび》えて怖がっているともっと激しく吠えてきます。これ、新人のビューティーディレクターさんに、一番初めにお客さまと会う時のためのアドバイスとして教えていることです。私は、犬に吠えられた時も「おーおー、今日も元気でいいなあ。血統書ついているの？可愛い顔をしているねえ」そんな風にこちらから一歩近づいていって、笑顔で話しかけます。そうするとはじめは吠えていた犬がキュウンと可愛く鳴いて、尻尾を振ってくるんです。これ、人間関係もおんなじじゃないかなー。そんな風に思います。自分が相手を恐れたり、緊張している時は、それ以上に相手も自分のことを怖いと思っている。そういうことなんじゃないでしょうか？

新人のビューティーディレクターが初めてのお客さまとお話しさせてもらう時に、お客さまを怖がって怯えたようにしながら近づいていったら、そのお客さまは「何ですか？　ポーラ？　要りませんよ。足りてます！」とピシャッと言うはず。そう、お客さまだっていきなり知らない人と話すわけだから怖い。コレ、当たり前。犬も人間も同じことだと思う。こちらが怖がって怯えていたら、相手はもっと怖い。できるだけ笑顔で、心から「お話しさせていただきたい」という気持ちで話しかける。その方のことを一番に考えていることを目と目を見交わして、会話して、本気で伝えていく。そんな気持ちや気迫は体からにじみ出るものだから、お客さまも「そうですか……。今は時間ないけれど、じゃあ、改めて明日また教えていただけますか？」そんな風になっていくものなんですよね。実はすつごく単純なことなんです。

21／25

サファリパークのようなチーム作り。

私は**似たもの同士の組織はダメ**だと思ってます。たとえば動物園だって、もしもライオンしかいなかったら、ライオンの病気が流行ったら全部が死んでしまう。これ、会社やお店のことだったら怖すぎますよ。余談ですが、何十年かのちにソメイヨシノが咲かない年がくる、って聞いたことがあるんです。ソメイヨシノというのは染井《そめい》村の植木屋さんが品種改良で作ったらしいんですが、接《つ》ぎ木《き》で増えていくから、どの木もDNAが同じらしいんです。とにかくキレイで今は毎年楽しめているけど、まったく同じDNAだから寿命も同じで、ある年に一斉に死んでしまう説があると聞いたのです。

昔は、自分と同じようにものを考える人の方がいい、その方が楽、と私も思ってました。でもそれだと、お客さまが広がっていかないんです。幅が狭い。世の中自分だけが正しいと思ったら大間違い。この人も正しいかも、この人も正しいかも。そう考えてみると、単純なマルやペケじゃないんです。私の組織は、大学を卒業して初めて働く人はもちろん、しばらく仕事を離れて主婦をしていた人や若い時にかなりやんちゃだった人、水商売経験のある人、いろんな国の出身の人、とさまざまな人が一緒に仕事をしています。年齢もさまざま。一番若い子で18歳。一番高齢で90歳。この、さまざまな感じが大事なんです。特に化粧品だから分かりやすいけど、たとえばやんちゃな若い女性に対して、今の76

歳の私が化粧品をおすすめしようったって、到底無理です。どんなに知識があっても、どんなに努力しても無理。でも若いビューティーディレクターが会いに行ったら、いきなり意気投合して、あっという間にお客さんになったりする。そういうもんです。特に営業職だからそうなのかもしれませんが、お客さまも多種多様だから、こちらも多種多様でないと絶対に対応できません。

私のとこは、とにかくさまざまな人が一緒に一つの組織をつくりあげています。ミーティングではいろんな意見が出て、結局まとまらないなんてことも日常茶飯事。でも、**まとまることなんて全然求めていないから気にもしていません**。軸の部分さえきちんと共有して、それぞれの価値観を認めればいいんです。**個性を消して一つにまとめる必要はありません**。むしろ、一人ひとり違う個性を生かしていくべき。私を支えてくれるグランドオーナーたちの中でも、MさんとSさんは右腕中の右腕ですが、いつも同じように二人の調子が安定しているわけじゃありません。それは時の流れのような、体のバイオリズムのようなもので、やっぱりデコヒコはある。でも私たちの組織には、この二人や全然違うタイプの仲間が何人もいるから、全体で見れば安定しています。

たとえばね、走るのが苦手な人と、走るのが得意な人がいるとして、平等にかけっこで

129 サファリパークのようなチーム作り。

競走したら、そりゃ走るのが得意な人が勝つ。でも、仕事や社会はかけっこみたいに単純な競争じゃない。みんなそれぞれいいところがあるわけで、そこをうまく生かしていける組織が絶対に伸びる。うちはね、いろいろなイベントでも、いっつも司会をする人、会計を仕切る人、出し物を考える人、進行を管理する人、って決まっていて、これを当番制にはしないんです。だって、それこそ適材適所にするべきでしょ。平等に、平等に、ってやっていたら、得意な人、不得意な人、関係なく役割は回るけど、全然うまくいかないし、効率的でもない。仕事も、すっごく要領よく20万円売る人と、頑張っても10万円しか売れない人。この二人を前に、平等だから、と言って線をぴーっと引くように均等に仕事を振ったところで、うまくいきますか?

大企業はいまだに学歴とか気にしているのかしら。これからの社会を生き抜く企業をつくるなら、今以上に組織のDNAを多様化させないと、ソメイヨシノみたいになってしまう。今は咲き誇っていても、一斉に寿命がきて倒れてしまう。脈々と続く組織のためには、サファリパークにいろんな動物がいるように、いろんなタイプの人がいることが大切だと思てます。

22/25

無理しない。

基本的に、私は無理は嫌い。目標を立てる時にも、ホントは200万円達成を掲げたくても、それが無理やりだったら199万円でもいいと思ってます。**無理は、事故につながります。**その1万円を焦ることが、後で、もっと悪い結果を引き起こすことにもなる。**無理をすることと頑張ることとは全く違うこと**です。自分は自分なりの旗を振るっていう意識が大事だと考えてます。

だからね、仕事も「今日はここまで」って幕を引くタイミングが大事。売り上げが伸び悩んだりしても、「今日はここまで」。結局はなるようにしかならないんだから、その日はいったん、諦めたっていいんです。無理はしない。私の場合は、帰宅する車で自宅近くの坂を上がる時に「今日はどうやったかなあ、うん、今日はうまく行った。よっしゃ。でもあれは悩みだな。もうええ、明日考えよ。終わり！」って思いながら帰ってきて、それで、自宅に着いて手帳を閉じたらもう知らん。坂を上がって手帳を閉じたら、普通の住民、おばちゃんに変わるねんな。あとは明日。みんな、こういうタイミングは自分で決めておいたほうがいい。ハンドバッグをここに入れたら終わり、とか、な。

切り替えることは不真面目なこととは違う。ダラダラしながら夕飯を作って、その時も「あの人に、あんなこと言われたな。しんどいな」「あれが今日は終わらんかったな」なんて思って効率の悪いことをしてたらあかん。そんなん考えながら夕飯を作っても、料理そのものが苦痛になってくるし、次の日もいい仕事なんてできません。切り替えなあかん、ってこと。

「辛い時や息が詰まる時、どうしたらいいんでしょうか……」なんていう質問をいただくこともありますが、そんなん思うから辛い。息が詰まる。バシッと切って忘れてしまう時間を作ればいい。18時で仕事が終わりなら、そこでバシッと切ればいいのに、その後もずっと、あーだこーだとあがくから、ずっとしんどい。子どもにあたったり、旦那さんに愚痴言ったりするやん。そんなん、せっかくの家族の時間までつまらない時間になってしまう。そうすると、結局次の日もネガティブな気持ちを引きずって仕事をするから、余計効率が落ちて、どんどん目標に届きづらくなるんです。いろいろ切り替えられなくて、考えすぎて、動けなくなると、また余計なことを考え出す。そんな暇を自分に与えないためにも、パッパッと切り替える。最近の若いスタッフは、この切り替えが苦手で引きずってしまう子が多いように感じます。やっぱり経験かな〜。歳をとっている方が、パンッと切り替えられる。年寄りのずぶとさ？（笑）

今日明日、数日で終わる仕事人生じゃないんだから、ずぶとさも覚えないとね。長く続けていくのが醍醐味なんだから、何があろうと仕事を前向きに続けるために必要なずぶとさ、身につけたもん勝ちですよ。

23／25

階段はジム。

やっぱりね、体の強さ、丈夫さは仕事をするために一番必要なこと。私が健康なのは、親に感謝すべき天性でもあるんですが、ずっと小走りに動き続けられる体が、気力も何も支えていると思います。前にね、本社の偉い方に「本庄さんは、〝**元気という病**〟にかかっていますね」なんて面白いことも言われました。自分の仕事の質を保つためには、自分をコントロールしなければならない。自然体じゃ無理かもしれません。自己管理とかそういうことも含めてすべてが、仕事を全うするためにすべきこと、なんじゃないでしょうか。

じゃあ、忙しい毎日に、どうやって健康を維持すればいいのか。

ちょうど仕事を覚えて責任が重くなる40代くらいから考えるべきなんだけど、「ジムに行く時間がない」「接待が多いから食生活が乱れる」ってよく聞きます。でもね、みんな難しく考えすぎ。日々のすべてを、〝神様から授かったありがたいこと〟と思ったら、スポーツジムに行かなくても元気な体を維持できるんですよ。たとえば、ちょっとしんどいなーと思う場所に階段があったとしたら、「おーい本庄！　最近は体がナマッているみたいだからそこに階段を作っておいたぞー。しっかり上りやー」っていう神様からのメッセージ。私は重い荷物を持っていても、エスカレーターは使いません。せっかく神様が足腰を鍛えろって言ってくれているのに、もったいないじゃない！　事務作業が多い仕事だとしても、会社のエレベーターやエスカレーターを使わないだけで、かなりの運動になりますよ。無料だし、時間もそう変わらないし、これだったらできない理由がないはず。あとね、私はゴミが2つ落ちていたとしても、1回しゃがんで2個のゴミを拾うことはしません。1回しゃがんで1個拾う。もう1回しゃがんでまた1個拾う。そうするとほら、もう2回屈伸運動をしたことになる。こうやって、億劫がらずに体を動かす癖がつけば、なんてことない、筋トレができるんですね。電車に乗ると私もこの年齢ですから、空いていたら座りたいな〜って思うこともあります。でももし空いてなくても、神様に「本庄、立っとけ。脚の筋トレじゃ。20分も立っていたらいい運動になる」と言われていると考えるんです。トレーニングだと思えば、喜んで立っていられるし苦にもならないから不思議なもんです。私の体、筋肉質でちょっと自慢です。そうそう、自宅ではトイレを使った後は必ずスクワットを10回するようにもしてます。トイレに入るたびにスクワット（笑）。スポーツジムに行く時間がなくても、こうやって日々の暮らしを工夫するだけで、自分の体を鍛えられるんです。

一つ、いいことを教えてあげる。これ、特許がとれるんじゃないかってひそかに思っていることなんだけど、階段を上る時に、一歩ごとに1、2、3、4、1、2、3という掛け声をかけてみてください。この掛け声だけで、今までしんどくて上れなかった階段がスッと上れるようになるはず！　このことを教えてあげた知り合いが、私のことを信じ切れずにいろいろ試してみたらしいけど、やっぱりこれが一番上りやすいって言ってました。1、2、1、2、1、2でもなく1、2、3、4、5、1、2、3、4、でもなく、1、2、3、1、2、3でもなく、1、2、3、4、1、2、3。科学的な証明はまったくできないんだけど、私の長い人生の中で見つけ出した、大発見。ほんとに一度、だまされたと思って試してみてください。とにかくね、この方法だとスッスッと階段も上れるんで、若い仲間たちと一緒に行動していても、「ついていくのが無理〜。本庄さん、先に行ってください〜」って言われてます。

結局ね、大人になれば病気が怖いし、ずっと健康でいることがありがたいこと。だから、日々の暮らしの中でも体を動かせるように癖にしたほうがいい。歳をとってから意識を変えようと思っても難しいから、若いうちに日々動くようにしたらいいですね。

それと、日本の社会保険制度にも一言。よく、社会保険料が高いなーという話がテレビなんかでも話題になるけれど、「病気でベッドに縛り付けられる人生と、保険料を払う人生。どっちがいいか選びなさい」と神様に言われているとしたらどう？　保険料、払わせてください！　と思いませんか？　私はね、今よりもっともっといっぱい保険料を払ってもいいから、ベッドに寝ている人生になりたくない。**働く人生か、寝たきりの人生か**。どちらか二択だったら、もちろん働いて保険料をたくさん払う人生の方を選びたいですよね。だから、働かせていただいて、税金や保険料を〝払わせていただいている〟と考えるようにしています。税金だって「こんなに高くて」って腹立たしく思うかもしれないけど、それって、それだけ収入がある証《あかし》なんです。税金払わなくてもいいけど、無給にするで〜って言われたらかなわんでしょ。払うべきお金のことをとやかく思うより、払える環境にいる自分をありがたいと思ったらいいんじゃないでしょうか。以前私の主人が病気で長い闘病生活をしていた時にも、毎日朝晩仕事の前後に病院に行って、できる限りの看病をしました。体力的にはとってもしんどかったけれど、これだって私は働く役割の側にいさせてもらっているのだからどんなことでもしなきゃいけないんだと納得して、一生懸命看病をさせていただきましたね。

おかげさまでね、しんどいって思うことなんか76歳になった今でも全然ない。朝も寝坊は絶対しない。それどころか、早く起きたくて起きたくて、ベッドの中で目覚ましが鳴るまでウズウズ待っているくらい（笑）。もう起きたい〜起きたい〜って思い続けてるから、目覚ましが鳴ったら「ヤッター」って飛び起きるんです。それでね、一日倒れる寸前まで動いて働いてないと今日はちゃんとやったっていう気にならないんです。ちょこっとでも余力が残っていると、自分に腹が立つ。日曜日だって平日と同じ時間か、もっと早く起きます。自由な時間を少しでも多く使いたい。ポーラ本社は「本庄さん、80歳になっても、90歳になっても仕事続けてください」って言ってくれるけど、それも成果があってのこと。企業は社会福祉じゃないから、役立つ社員でないと困るわけです。当たり前のことです。だから世間では老後って呼ばれる時代を迎えた76歳の私ですが、「**私に老後はない**」（笑）という気持ちで頑張っているんです。日本の超高齢化を考えたら、若い世代に迷惑をかけないためにも、これからの高齢者は自分の責任で元気でいることが求められていると思います。老後なんて思うから、体が重くなるんです。老後はないんやって思ったらいいと思う。もちろん、健康とのにらみ合いで、仕事をフィニッシュする時期についても考えてますよ。潮時がきたら、スッと身を引くつもりです。次の世代にバトンタッチ。でも、今のところ思った通りに動ける。こんないい体を与えてくださって、本当に感謝してる。神に感謝、親に感謝です。

24/25

部下と子どもは同じ。

正しいこと、間違っていること。子どもは母親から学びます。母親は教育の基本を教えてる。学校の先生が一般的なことを教えてくれても、自宅に帰って「そんなことせんでええねん」って母親が言ったらおしまい。学校で学んだこと、まったく生きなくなってしまいます。私は部下の育て方も子育てと一緒だと思てます。子どもも部下も、「三つ子の魂百まで」じゃないけど、やっぱり初期教育が大事なんです。ものの考え方をどう学ぶか、で人は変わります。だから、子育てをしっかりやったことがある人、特に女性だったら、部下を子どもだと思えば絶対にうまく育成できると思てます。

たとえば、子どもの前で愚痴やら悪口やらを毎日言うようなお母さん、どう思いますか？　マナーの悪いお父さんだったらどうでしょう。子どもは、知らないうちに真似ます。昔、私の3歳の娘がポーラの仲間の娘さんとままごとをしていた時に、「飛び込み（営業）行きましょか〜」「そやなー、保育所に子どもを放り込んで、飛び込み行きましょか〜」なんて言うてるのを聞いて、たまげました。たぶん私がいつも言ってたんやろね。笑《わろ》たわ。でもちょっと反省したわ。「子どもを放り込んで」なんて口の悪いこと（笑）。こんな風にすぐに真似をするから愚痴や悪口を子どもの前で言わない方がいいように、部下の前でもやめた方がいい。知らないうちに、部下に伝染します。私は、どうしてもネガテイブなことを言いたくなった時は、妹にこっそり話してますね。妹もポーラの仕事をしているから、私の状況をすごく理解してくれている。皆さんも、そういう、無条件で甘えられる相手を決めておいた方がいい。どんなにお酒を飲んでも、仕事仲間に言うのは避けた方がいいと思います。

どんな時も、嫌な時こそ、「ありがとうございます」「頑張ります。よろしくお願いいたします」そんな風にいつも感じよくしていたら、自分も前向きになれるし、部下も自然と真似てくれる。若い仲間たちは上のポジションの人がどんな風に過ごしているか、仕事してるか、見てるんです。だからとことん一生懸命すべき。サボらない。お客さまの前でどんなに笑顔を作っていても、事務所での発言や行動がひどかったら終わりです。外面《そとづら》より、内面を重視せよ、かな（笑）。下の子は、自分の上の立場の人の一挙手一投足を見ているんです。そこから、その上司は信用できるのか、ついていくのに値するのか、厳しく見定めているんやないでしょうか。媚びる必要はないけれど、部下に慕われる上司、部下に尊敬される上司でいるために努力をすることは重要です。それが、自分自身の成長にもつながりますから。

私の実体験ですが、「いい仲間を増やしたい」と思ってもなかなか増えないんです。たとえ入ってきてくれても自分がいい人になっていなかったら、入ってきた人も去ってしまいます。「こんな仲間が欲しいな〜」と思われるようないい人に自分自身を変えていければ、そのうち、いい仲間が入ってきます。結局、仲間を増やすとか、部下を育てるということも自分自身の勉強です。

私が毎日ラジオ体操するのも、部下である仲間の前でかっこ悪い女性じゃいけない、と思うから。ただでさえ、76歳でよぼよぼに見えがちでしょ。美容の仕事をしているのに、太っていたり、顔がしわくちゃだったりしたら一緒に働く仲間は、私にがっかりしてしまいます。たくさんのショップオーナーの仲間たちの前を歩くのに、お婆さんじゃダメなんです。ピシッとして、イキイキと、元気にしとかなかったら、申し訳ない。私がたまに洋服を買いにデパートに行くのも、みすぼらしい恰好してたら、仲間たちに悪いと思うからです。別に買いもんとか、そんなに好きやあらへん。でも、やっぱり先頭歩かせてもらうなら、それなりにかっこつけるのも仕事です。キラキラ、元気で楽しそうな人に、人はついてくるもんです。

見た目が9割、っていう本を書かれた先生がいらっしゃったけど（『人は見た目が9割』竹内一郎著・新潮新書）、まったくその通りやと思います。

25／25

感謝を忘れないこと。

当たり前のようだけど、感謝を忘れないことは何より大切。毎日仕事を続けていると、つい忘れがちになるねん。忙しいから不満、上司が不満、部下が不満、組織が不満。そんな風に**不満の大洪水になっている人がいたら要注意**です。そんな時は、今の自分があるのは、今の仕事や状況のおかげじゃないかな、って考えてみてください。忙しいから不満、と思うなら「暇がないほど仕事があってありがたい。キャリアアップできるなんて嬉しいこと」と考えてみる。部下が不満、と思うなら「でも、100の仕事を自分で全部やったら100の時間がかかる。部下が未熟でも、20やってもらえるなら、自分は80をやって、残りの20の時間は他のことができる」。そんな風に思ったら、ありがたいな〜と思えるもんです。とにかく、不満がある時ほど、その相手や状況に感謝する癖をつけるようにしたらいかがでしょう。

私はね、幼い頃に一家心中の一歩手前ってくらいの貧乏生活をしていたこともあって、今の生活があること、私が幼い頃に母がポーラに出会ったことについて、こころの底から感謝しているんです。別にうちだけではなくて、戦後だったのでどこのご家庭も同じようなものだったと思うけど、酒飲みでむちゃくちゃやっていた父もいて大変だったんですよ。そんな辛い頃、急に母親がポーラの仕事をしだしたんですよね。私が小学校5年生か

6年生の時。ある日学校から帰ってきたら、それまで内職とかで必死になって下ばかり向いていた母が、顔を上げてメークなんかもしていて。私、本当に嬉しかったんです。いつも下向いている母だったから、その顔をちゃんと見たこともなかったのに、急にキレイになっていて。子どもながらに衝撃だったあの日の感動は絶対に忘れない。一生、私のここ（胸）にある。すごく嬉しかったから、「もうお母さんは内職しないでポーラしてて。ずっとやめないで。お金もうけなくていいから。私も節約するしバイトするから」って思ったんです。それまでは、学校の参観日にも来ないで欲しい、なんて思ってたのにね。実際に私、八百屋さんの配達や、文房具屋さんの手伝いを始めました。とにかく母を助けたかった。

それでしばらくしたら、何もなかった家の中にタンスがやってきた。今までかごの中に入っていた自分の下着や洋服がタンスに入ってる！ これはもう、女の子の憧れです。夢です。そんなタンスが、母がポーラを始めて2～3ヵ月くらいで家にやってきたんです。戦争をくぐりぬけて、食べることに必死だった母が、ポーラと出会ってキレイになって、生活から何から、毎日毎日変わっていった。魔法です。ものすごい辛い時期を救ってもらったポーラへの感謝は、いつまでたっても忘れません。忘れちゃいけない。女の人が働くのがまだ珍しかった時代にポーラという組織があって、母が働かせてもらったことで確実に私の人生は変わった。なんて言うかな、もうディズニーランドやで、ほんまに。ポーラの仕事を始めたことで、母は性格も変わった。それまでいっつも怒ってばっかりいたのが嘘みたいに変わった。そんな風に母親が明るくなると、家の中ががらっと変わるんです。四国出身で、父と結婚して京都にきてから友達もいなくて何もなかった母が、自信がついて、仕事に誇りを持ったんだと思う。にこにこ楽しそうに暮らしてました。もちろんね、ちゃんと稼がせてもらえる仕事だったことも大きかったと思う。お金を家族のとこに持って帰れるということは、母にとってすごい自信につながったんじゃないかな。

四国にある母のお墓には、今でも春、夏、秋と年3回は行っています。ホントはもっと頻繁に行きたいけど、遠いから3回だけ。で、母に「今はポーラでこのくらいの数字をあげているよ」って報告します。母はグランドオーナーにはならなかったので、たぶん悔しいと思って死んでいったんじゃないかと。もっと大きな組織のトップになりたかったんじゃないかな。でも娘の私がその想いを継いで、ちゃんとグランドオーナーになって、なおかつポーラで一番の売り上げを誇るグランドオーナーになれて、すごく喜んでいると思う。母には、もっともっと活躍してるところを見せてあげたい。墓前に行っても、悩みごとの相談とかはしないかな。とにかく、報告だけ。今からもっと頑張るから応援しててな、っていう感じです。

実はね、私がポーラの全国大会で表彰されて帰ってきてすぐに、母は死んだんです。私の顔見て、バンッと亡くなった。癌で、もう目も見えなくなっていたんだけど、全国大会で表彰されている私の写真を「見えへん、見えへん、見たい、見たい」と言って母が泣いていたのを覚えてます。私が帰ってくるのを待っててくれたんやろな。それで最期は、「ありがとう」って言って、終わり。亡くなった時、母は75歳だったから今の私より若かったんだな、って今更思います。お葬式して、出棺して、次の日にはもう仕事の研修会に参加してました。それは今でもよく覚えてる。ものすごい悲しくて、寂しくて、ぐしゃっとつぶれそうだったけれど、仕事のおかげで踏んばれた。めそめそしたまま布団かぶって寝ていたら母は喜ばないだろうな、と思って仕事をしました。ホントは思い出すたびに、いくらでも泣けて泣けて。でも、私が泣いてることが周りの人にどんだけプラスになるのか。かわいそうだな……と思ってもらえるかもしれないけど、でも、そんな風に同情してもらっていてもいけないと思って。それで、母の思い出になるようなものは、床の間の小さい押し入れの中にしまっておこうと決めたんです。「お母ちゃん、悪いけどここに入れておくよ。また思い出せる時間がある時に、ちゃんと出すから」って、自分で決めて。それで、仕事が落ち着いた時なんかはそっと取り出して、そっと泣いて、またそっとしまって。そんな繰り返しで悲しい1年間を過ごしました。悲しい、悲しいってどんなに泣いても、母は帰ってこない。母を亡くしたことで、自分の身が崩れたり、自分を見失ったりすることがありました。なんとか押し入れの中に思い出をしまって、母がいないことにだんだんに慣れるようにして。免疫を作っていくしかなかったんです。この時は、本当に仕事に救われましたね。

ちなみにね、そんな風に辛くてしょうがなかった時に、今、右腕の一人になってくれているMさんが私のお店に入ってきたんです。神様が母を失った私にプレゼントしてくれたんかな、と感じました。母がいたこと、父がいたこと、私が元気な体を授かったこと、ポーラの仕事を始められたこと、仲間と会えたこと。何でも全部、奇跡です。感謝です。なんとか月商2億という数字をあげて、「これでよろしいですか。わずかですけど、感謝の気持ちです」って言ってポーラを去ったらかっこいいなあ。寿命が先か、2億が先か。まさにデッドヒート。**数字と年齢がデッドヒートしてる**（笑）。だから一日一日を完璧にしていかないといけない。私一人では絶対に叶わなかった人生のお礼、しっかりとしておきたいんです。

最後に

最後に、13年前、私が63歳の時にポーラのパーティでスピーチさせてもらった〝誓いの言葉〟を紹介させていただきたいと思います。当時は松塚グループとしては月商3000万円クラス、年商は3・5億円強。今の約1／5くらいでした。2003年のスピーチです。ポーラで働く人だけが集まるパーティでのスピーチなので、一般の皆さんにはちょっと分かりづらいところもあるかもしれません。でも13年経った今も、私の気持ちはこの頃とまったく変わっていません。今回この本を書かせていただくにあたって改めてこの時のDVDを見て、もっともっと頑張っていこうと腹に決めました。

「……日頃は自分の足跡を振り返らない私ですけど、ポーラを始めて31年目。少しだけ、振り返ってみたいと思います。始めた時は、主婦パートのような感覚でした。それから31年間経ったわけですが、63歳を超えた今、この仕事に対する感謝の気持ちが、バッと湧いてくることがあります。たとえばそれは、この年になってやたらと多くなる同窓会の時。なんでかな？　と思ったらね、年金生活を送っているから毎日サンデー♪なんていう、もう暇な方があっちこっちにいて企画をしてくれるんで、しょっちゅう開かれるわけなんです。それでその同窓会に行きますと、一流大学を卒業して一流企業の役職に就いてたような人とか大学の教授なんかが、みんな定年を迎えているんですね。個人で事業をされてた人もいらっしゃるんですけど、その方も厳しいご時世で仕事を手放さざるを得なくなっていたり。そんな方がたくさんいらっしゃいます。そんな中、私一人が現役なんです。で、同級生みんなが口をそろえて〝あんたはまだ現役か〟っておっしゃって。とにかく定年になると、現役かどうかにこだわるんですよ。〝あんた、ええ仕事してるな〜〟って、今、本当によく言われます。50代の頃、その人たちが現役バリバリの頃は、まさかそんな言葉が出ると思わなかったんですが、改めて生涯現役の仕事をしている喜び、つくづく感じております。

始めた頃は、所長（ショップオーナー）にはなったものの、本当に気楽な気持ちで、マイペースに仕事をしていました。マイペース。いい言葉です（笑）。月に200万とか300万の売り上げ。そのくらいが長いこと続いたんですよ。でもね、私はポーラの仕事はこんなもんや、って思てたんです。それに、居心地ええんですよ、このくらいの売り上げ規模だと。上からやいのやいのと文句を言われることもない。収入もまずまず。自分の車を乗りまわして、ルンルン、ルンルルンとしてたんです。めっちゃ楽しかったですよ。今よくよく考えますと、その時は一生懸命仕事をしているつもりでも、エンジンをフル回転する最後のボタンは押さないまんま、過ごしていたみたいに思います。そんな時にね、何気なく参加した研修会でキラキラ、今まで見たこともないほどに輝く人に出会ったんです。パリッと音のするようなスーツを着て、髪の毛も、もうパァーッとね、粋にしてらして。たぶん、月商1000万クラスのお店を経営されているショップオーナーさんだったと思います。颯爽《さっそう》とした物腰。当時、キャリアウーマンという言葉が出てきた頃なんですけど、まさにぴったり。私はね、ポーラレディ（美容部員。今はビューティーディレクターと呼ばれる）とキャリアウーマンっていうのは、北海道と沖縄くらい離れたもので、全然違うものだと思っていたんです。でもね、その人はピタッと合っていたんです。で、その輝いている姿、輝きの元は何だろうと思って〝よし、私もこの人と同じ1000万クラスになろう。その中で1位になろう。そして輝きたい！〟そんな風に、誰に言われたわけでもないんですが、自分自身で〝なるぞ〜〟と腹に決めたんですね。その研修会から帰ってきて、自分の周りを見渡してみたら、今まで何も気が付かなかったところに自分の出力を全開にするボタンが隠れていたんで、それを押し始めました。

具体的には、増員（ポーラの商品を販売する仲間を増やすこと）に励みました。それまでも多分、たくさん増員はしてたんです。でもね、育たない、残らない増員でした。もう全然残らへんのです。それで私は、若い人、若い人に集中しました。私より20歳くらい若い人。これは何故かっていうと、若い人を増員できれば、次の世代への橋渡しもしてくれるし、若い人と一緒にお店をすることによって、私が長いこと仕事を続けられるんじゃないか、と考えたんです。ま、自分本位な理由です。その時に、そういう若い仲間を増やしたおかげで、20年経った今、私がパワーをもらっています。バンバンと刺激を与えてくれるから、私、老化しません。もしあの頃、私が自分と同世代を増員していたら、今、どうなっていたでしょう。もう全員が、私と同じ花の60代で、楽しい楽しい老人ホームのような仕事場になっていたかもしれません。

今まで私は、年齢だけでなく、いろいろなカラーを持つ人も集めました。美容に興味があってもなくっても、ビジネスを求めている人もそうでない人も、もう来る人拒まず、カモンカモンで大歓迎。それはね、みんな私が持っていないものを『持っている』から。誰もが私のアドバイザーであり、先生なんです。私だけでは手が届かないテリトリーを教えてくれるんです。私一人やったら、1つの考え。でも、三人寄れば文殊の知恵。今、まさに若いショップオーナーさんにエステサロンを活かした新しい仕事の仕方を学んでいます。

こんな風に多彩な松塚グループに私が求めるものは、一人1つだけ、得意なことを持ってくださいということ。もちろん、たくさん得意なことを持っているに越したことはないですよ。でもね、苦手なことを無理してたくさんなんてしなくていい。得意なことをピカピカに光らせて、そこから自分の仕事の花をそれぞれ咲かせて欲しいと思っているんです。こないだ、1人の所長さんが〝私たち松塚グループは動物園です〟って、大きな会議で自己紹介してました。私も、まさにそやなーと思います。ゾウもいます。カバもいます。サイもいます。いや、体形のことじゃないですよ（笑）。

こんな集団なんで、たとえば社員会をする時も、よくある当番制はほとんどしません。

全員が自分の得意技で分担をする。お弁当手配する人、会計する人、連絡係する人。司会する人。もう安心して任しておけます。まるでプロみたいです。中にはスターの役割の人もいて、その人は壇上に颯爽と登場して商品説明をしたりするんですけど、さすが、というほど見事に、その場にいる人のこころを摑んでいきます。でもね、これがもしスターの役割の人にお弁当の手配を頼んでしまったら、数が足らないか、てんこ盛りに余るか、どちらかです。だから松塚グループでは、みんなが持ち回り持ち回りで当番制でやることが平等とは考えずに、自分の得意技を役目としているんです。得意なことだから楽しいし、自信もありますし、責任を持ってするので、もめごとなんかもありません。

さて、暗いと言われている社会情勢のことについて少し。不況やら不景気、そういう言葉をよく聞きますが、私はポーラには不景気はないと思うんです。確かにね、お客さま一件あたりの売り上げは下がったかも分かりません。でも、お客さまの数を増やしたらいいん違います？　確かに仕事のやり方は変わっていくように思います。お客さまのこころをもっとキャッチしなければならない世の中になっています。今や、あらゆる企業が、お客さまの立場、お客さまの目線に合わせて活動する時代へ変わってきました。市場の変化に対応した商品やサービスを提供していかないと生き残れないということで、ポーラもエステサービスを中心にした業態改革を行いました。でも私は、ただエステを学んで、エステをサービスに加えたからいいということではないと思います。やっぱり、新しい形のサービスをしようとする気持ちが一番大事なんです。新しい時代の到来は誰もが戸惑いがちですが、これまでもポーラの歴史を見てみると何度かそういう変化はありました。その時なんの抵抗もなく、スッと新しいやり方に入り込んでサッとできたのは、その時代の新人さんたちでした。いつの時代も若い仲間に学んで柔軟な気持ちを持てば、新しい舞台へ挑戦していけると思うんです。

私ね、結構がめついんですよ。なんでいうたらね、**150歳まで生きたい！** 平均寿命は今85歳と言われています。なんぼ医学が発達してるこの時代いうても、無理だと思うんです。ならどうするか。私は一日2倍生きるんです。毎日、2倍、2倍、2倍。一日2倍生きれば、150歳分の人生を生きられると思いません？ それから、何より死ぬまでキラキラと輝いている女性でありたいんです。でも、**ほっといたらすぐに普通のおばさん**になります。私が普通のおばさんになったら、せっかくの化粧品の魅力も半減します。イキイキと自信を持って輝いて働いている人が薦めるものは、ええように見えませんか？ 買いたいように思えませんか？ よう売れているように思いませんか？ やっぱりね、仕事の成功は豊かな集団の先にあるんです。

私がすべきことは、自分の5年後、10年後の豊かなポーラをつくっていくこと。今からのポーラの原動力は、私たちにあるんです。私が誘って仕事を始めた人たちが今の私と同じ歳になった時に、ポーラがその人たちにとって納得のいく企業であって欲しいし、私が63歳まで仕事をしてきて感じた悦びを、みんなにも感じて欲しい。そして、いい仕事に誘ってくれてありがとう、って言われたいんです。若い人は将来の夢のため、それから先輩さんたちは、ご自分のよりよい老後のために、みんなでキラキラと輝きませんか？　私がこの世を終えた時に、私の遺影に向かって〝まあ、ポーラで働いていらしたんですか。惜しい方を亡くされましたね～〟と言われたいし、孫たちに〝うちのおばあちゃんは、ねポーラにいたんやで～〟と得意げに話してほしい。決して〝まあ、ポーラ？　ずいぶんご苦労された人生だったんですね……。お気の毒に……〟なんて言われたない！　そんな同情いりません！　そんなの悔しいです。プライドが許しません。自分の価値が、自分のいた企業で決まるなら、自分たちでその企業を豊かにしていきたいと思いませんか？

自分たちの、このポーラという存在を、大きくするのも小さくするのも、自分たちにかかっているんです。5年後、10年後、私たちが歩む道は私たちが作るべき。会社が作るんでも、会社が決めるんでもないんです。私たちがその道を作ると思うんです。自分たちの歩く道、私たちで作りだしませんか？　歩きやすい、そして、堂々たる道を」

取材を終えて

土本真紀

本書の打ち合わせで本庄さんにお会いするたびに言われたことがある。それは「もう本になんかならんって思ったら遠慮なく言ってな。全然どなたさんのお役にも立てないんやったら、すぐに中止してな。無理せんといてな」ということ。もともとは株式会社ポーラの社員たちが、自分たちの憧れの存在でありポーラの宝である本庄さんの言葉を一冊にまとめたい、ということから企画がスタートしたが、本庄さんご本人にとっては晴天の霹靂《へき》《れき》。何をどうすればいいか分からないが、毎日考えていることがどなたさんかのお役に立てるなら、何でもさらけ出してみる。そんな本庄さんのご厚意から取材が始まり、最終的には本庄さんからのメッセージをそのまままとめるスタイルでこの本が完成した。本庄さんが現場で体得してきたことは、サラリーマンにも、パートの方にも、男にも、女にも、平社員にも、課長にも、部長にも、社長にも、ふっとこころの隙間に入り込むアドバイスになっているのではないか。現に私はフリーランスのライターであり、本庄さんとは仕事の内容も立場も年齢も全く違うが、彼女と共に時間を過ごすうちに、仕事の仕方、人付き合いのこと、毎日の時間の使い方などが、徐々に変化し始めている。

今は本庄さんの右腕の一人として、多くのショップオーナーをまとめるMさんは、本庄さんを「ポーラの恵比寿様」と呼ぶ。

「初めてポーラの面接に行ったときは、申し訳ないけれど、私には向かないからポーラに入るのはやめよう、と思ったんです。でもね、私がお断りした時に〝やってみたことがないのに断るってどういうこと？〟と本庄さんに迫られて。なるほど、そうか……。だったら3ヵ月だけ全力でやらせてもらって、それでダメだったら辞めさせてもらおうと思って始めました。友人に〝なんで始めたの？〟と聞かれた時も、〝イヤー、説明できひんわー。土井たか子（政治家）10人分みたいなすごい人に会っちゃって〜〟とかそんな風に話してたのを覚えてます。それまで生きてきて、こんなエネルギッシュな人見たことないな、と思ったんです。その時は尊敬というよりも、どっちかと言ったら奇異な存在（笑）。

でも、嘘は言わない人だな、と感じたことも覚えてます。奇跡の出会いでした。私の人生の転機。それまでは前職の美容師こそが私の天職だと思ってたのに、なんか、それすらポーラの仕事を始めるための経緯だったんだ、と納得できたくらい。本庄さんと一緒にやってきていなかったら、ここまで続けてこられなかっただろうな、とも思います。本庄さんがいなかったら、今の私はない。休みの日に一緒に遊ぶわけでもなく、どこに行くわけでもなく、食事を定期的にご一緒するわけでもなく、仕事を通じてのお付き合いなんですけど……。私は、自分は本庄さんの作品や、と思って仕事をやっているんです。本庄清というアーティストの作品が、私。たまにね、〝すごいわー。さすがやわー〟って、本庄さんが私のことを手放しに褒めてくださるんだけど、そんな時は〝あなたが作ってくださった作品ですから〟って答えてます。そうやって褒めてくれる時の本庄さんは、まるで子どもが100点をとって帰ってきた時の母親みたいです」

と語る。

同じく、本庄さんの仲間であり、もう一人の右腕であるSさん。

「自分が76歳になっても、絶対に本庄さんにはなれません。なんていうか、別格なんです。長嶋茂雄さんは二人いないというのと同じ。もちろん、売り上げの数字で、この先に本庄さんの記録を越していく人は出てくるとは思うんですが、そういうことではないんやと思うんですよ。たとえば美空ひばりさんのレコードが10万枚売れていたとして、今、100万枚売れるアーティストがいても、それは美空さんを越したことにはならない。本庄さん率いる松塚というグループに所属できたことは、本当に運を持っていると思ってます。私たちは、この本にまとめられている話をいっつも聞いているんで、もう、体と頭にしみついているんですけど、本当に分かりやすいと思いませんか？　実際の体験から出てきている話だから、すごく深いことも言っているんだけど、分かりやすいし次の人にも伝えやすいんです」

本庄さんは休むのが苦手だ。日曜日、午前中は小走りでスーパーに買い出しに行き、次の一週間分の料理の下ごしらえをする。毎日毎日やったら、一日1時間、週に7時間かかることも、一日にまとめてやってしまえば2時間もかからない。あれやったり、これやったり、とにかく一気に、目まぐるしい。そういえば本庄さんが一番好きなのは新幹線だとか。わき目もふらず、超速で、一直線に、せっせせっせと休まずに動き続ける姿が大好きなんだそうだ。元来せっかちな性格のため急ピッチに家事は進み、昼にはやらねばならないことがなくなる。そうすると、ふと、ひとりぼっちになるんやろか、と不安が募るという。早く平日が来ないかなあ、誰か電話をかけてこないかな、と思いながら日曜日が終わるらしい。本庄さんにとって仕事はお金儲けだけではなく癒し。生きる証。死ぬ時は、2007年に軍事政権下のミャンマーで取材中に銃に撃たれ、カメラを手に持ったまま死亡したジャーナリストの長井健司さんのように自分の職業に誇りをもって逝きたいという。植木等さんではないが、「ハイそれまでヨ」でコロッと終わりにしたいそうだ。

海外旅行にもっと出かけたいと言いながら、海外旅行より仕事の方が面白いと笑う本庄さん。組織での立場的に言えば、かなり偉いポジションにいるが、いつも働く仲間すべてと同じ目線に立っているのが特長だ。2015年の電通総研のデータでは、現在、働いている18〜29歳の若者の約3割は「できれば働きたくない」と思っているとか。こんな「今からの」若者たちには、本庄さんのメッセージはどんな風に響くのか。大いに興味がある。

本庄 清

1939年生まれ。ポーラ プレジデント グランドグループ グランドオーナー。
1972年ポーラと契約。2013年の平均月商1億円達成、2016年現在の平均月商は1.5億円。92店舗のショップを統括。女性が働くことが一般的ではなかった時代から、仕事と育児の両立を実現。2人の息子と1人の娘を育て上げ、今では5人の孫を持つ〝おばあちゃん〟としての顔も持つ。

講談社＋α新書 730-1 C

全国13万人 年商1000億円
ポーラレディ 頂点《ちょうてん》のマネジメント力《りょく》
本庄《ほんじょう》 清《さやか》

2016年5月19日第1刷発行

発行者―――鈴木 哲
発行所―――株式会社 講談社
東京都文京区音羽2-12-21 〒112-8001
電話 編集(03)5395-3522
販売(03)5395-4415
業務(03)5395-3615
デザイン―――鈴木成一デザイン室
カバー印刷―――共同印刷株式会社
印刷―――慶昌堂印刷株式会社
製本―――株式会社若林製本工場

Printed in Japan
ISBN978-4-06-272938-3

講談社＋α新書

住んでみたドイツ　8勝2敗で日本の勝ち
川口マーン惠美
在独30年、誰も言えなかった日独比較文化論!! ずっと羨しいと思ってきた国の意外な実情とは
838円 628-1 D

住んでみたヨーロッパ　9勝1敗で日本の勝ち
川口マーン惠美
20万部突破のシリーズ最近作!! 欧州の都市は劣化しEUは崩壊する…世界一の楽園は日本!
880円 628-2 D

成功者は端っこにいる　勝たない発想で勝つ
中島　武
350店以上の繁盛店を有する飲食業界の鬼才の起業は40歳過ぎ。人生を強く生きる秘訣とは
838円 629-1 A

若々しい人がいつも心がけている21の「脳内習慣」
藤木相元
脳に思いこませれば、だれでも10歳若い顔になる!「藤木流脳相学」の極意、ついに登場!
838円 630-1 B

新しいお伊勢参り　"おかげ年"の参拝が、一番得をする!
井上宏生
伊勢神宮は、式年遷宮の翌年に参拝するほうがご利益がある! 幸せをいただく㊕お参り術
840円 631-1 A

日本全国「ローカル缶詰」驚きの逸品36
黒川勇人
「ご当地缶詰」はなぜ愛されるのか? うまい、取り寄せできる! 抱腹絶倒の雑学・実用読本
840円 632-1 D

缶詰博士が選ぶ!「レジェンド缶詰」究極の逸品36
黒川勇人
落語家・春風亭昇太師匠も激賞! 究極中の究極の缶詰36種を、缶詰博士が厳選して徹底紹介
880円 632-2 D

溶けていく暴力団
溝口　敦
反社会的勢力と対峙し続けた半世紀の戦いの集大成! 新しい「暴力」をどう見極めるべきか!?
840円 633-1 C

日本は世界1位の政府資産大国
髙橋洋一
米国の4倍もある政府資産⇩国債はバカ売れ!! すぐ売れる金融資産だけで300兆円もある!
840円 634-1 C

数字・データ・統計的に正しい日本の針路
髙橋洋一
就業者数＝増、自殺者＝減のアベノミクスは◎。政治家・官僚・マスコミの間違いを全て正す!
880円 634-2 C

外国人が選んだ日本百景
ステファン・シャウエッカー
旅先選びの新基準は「外国人を唸らせる日本」あなたの故郷も実は、立派な世界遺産だった!!
890円 635-1 D

講談社＋α新書

もてる！『星の王子さま』効果 女性の心をつかむ18の法則
晴香葉子
なぜ、もてる男は『星の王子さま』を読むのか？人気心理カウンセラーが説く、男の魅力倍増法
840円 636-1 A

「治る」ことをあきらめる 「死に方上手」のすすめ
中村仁一
ベストセラー『大往生したけりゃ医療とかかわるな』を書いた医師が贈る、ラストメッセージ
840円 637-1 B

偽悪のすすめ 嫌われることが怖くなくなる生き方
坂上忍
迎合は悪。空気は読むな。予定調和を突き抜ければ本質が見えてくる。話題の著者の超人生訓
840円 638-1 A

日本人だからこそ「ご飯」を食べるな 肉・卵・チーズが健康長寿をつくる
渡辺信幸
テレビ東京「主治医が見つかる診療所」登場。3000人以上が健康＆ダイエットを達成！
890円 639-1 B

改正・日本国憲法
田村重信
左からではなく、ど真ん中を行く憲法解説書!! 50のQ＆Aで全て納得、安倍政権でこうなる！
880円 640-1 C

筑波大学附属病院とクックパッドのおいしく治す「糖尿病食」
矢作直也
「安心＝筑波大」「おいしい＝クックパッド」の最強タッグが作った、続けられる糖尿病食の全貌
840円 641-1 B

「脊柱管狭窄症《せきちゅうかんきょうさくしょう》」が怖くなくなる本 20歳若返る姿勢と生活の習慣
福辻鋭記
ベストセラー『寝るだけダイエット』の著者が編み出した、究極の老化防止メソッド！
800円 642-1 B

白鵬のメンタル 人生が10倍大きくなる「流れ」の構造
内藤堅志
大横綱の強さの秘密は体ではなく心にあった!! メンタルが弱かった白鵬が変身したメソッド！
880円 643-1 A

人生も仕事も変える「対話力」 日本人に闘うディベートはいらない
小林正弥
「ハーバード白熱教室」を解説し、対話型講義のリーダー的存在の著者が、対話の秘訣を伝授！
890円 644-1 C

霊峰富士の力 日本人がFUJISANの虜になる理由
加門七海
ご来光、神社参拝、そして逆さ富士……。富士山からパワーをいただく〝通〟の秘伝を紹介！
840円 645-1 A

「先送り」は生物学的に正しい 究極の生き残る技術
宮竹貴久
死んだふり、擬態、パラサイト……生物たちが実践する不道徳な対捕食者戦略にいまこそ学べ
840円 646-1 A

表示価格はすべて本体価格（税別）です。本体価格は変更することがあります

講談社+α新書

「骨ストレッチ」ランニング 心地よく速く走る骨の使い方
松村卓
骨を正しく使うと筋肉は勝手にパワーを発揮!! 誰でも高橋尚子や桐生祥秀になれる秘密の全て
840円 657-1 B

「うちの新人」を最速で「一人前」にする技術 美容業界の人材育成に学ぶ
野嶋朗
へこむ、拗ねる、すぐ辞める「ゆとり世代」をいかに即戦力に!? お嘆きの部課長、先輩社員必読!
840円 658-1 C

40代からの 退化させない肉体 進化する精神
山﨑武司
努力したから必ず成功するわけではない——高齢スラッガーがはじめて明かす心と体と思考!
840円 659-1 B

ツイッターとフェイスブック そしてホリエモンの時代は終わった
梅崎健理
流行語大賞「なう」受賞者—コンピュータは街の中で「紙」になる、ニューアナログの時代に
840円 660-1 C

医療詐欺 「先端医療」と「新薬」は、まず疑うのが正しい
上昌広
先端医療の捏造、新薬をめぐる不正と腐敗。崩壊寸前の日本の医療を救う、覚悟の内部告発!
840円 661-1 B

長生きは「唾液」で決まる! 「口《くち》」ストレッチで全身が健康になる
植田耕一郎
歯から健康は作られ、口から健康は崩れる。その要となるのは、なんと「唾液《つば》」だった!?
800円 662-1 B

マッサン流「大人酒の目利き」 「日本ウイスキーの父」竹鶴政孝に学ぶ11の流儀
野田浩史
朝ドラのモデルになり、「日本人魂」で酒の流儀を磨きあげた男の一生を名バーテンダーが解説
840円 663-1 D

63歳で健康な人は、なぜ100歳まで元気なのか 人生に4回ある「新厄年」のサイエンス
板倉弘重
75万人のデータが証明!! 4つの「新厄年」に人生と寿命が決まる! 120歳まで寿命は延びる
880円 664-1 B

預金バカ 賢い人は銀行預金をやめている
中野晴啓
低コスト、積み立て、国際分散、長期投資で年金不信時代に安心を作ると話題の社長が教示!!
840円 665-1 C

万病を予防する「いいふくらはぎ」の作り方
大内晃一
揉むだけじゃダメ! 身体の内と外から血流・気の流れを改善し健康になる決定版メソッド!!
800円 666-1 B

なぜ世界でいま、「ハゲ」がクールなのか
福本容子
カリスマCEOから政治家、スターまで、今や皆ボウズファッション。新ムーブメントに迫る
840円 667-1 A

表示価格はすべて本体価格（税別）です。本体価格は変更することがあります

講談社+α新書

書名	副題	著者	内容	価格	番号	分類
2020年日本から米軍はいなくなる		飯柴智亮 聞き手・小峯隆生	米軍は中国軍の戦力を冷静に分析し、冷酷に撤退する。それこそが米軍のものの考え方	800円	668-1	C
テレビに映る北朝鮮の98%は嘘である	よど号ハイジャック犯と見た真実の裏側	椎野礼仁	よど号ハイジャック犯と共に5回取材した平壌…煌やかに変貌した街のテレビに映らない嘘!?	840円	669-1	C
50歳を超えたらもう年をとらない46の法則	「新しい大人」という50+《フィフティプラス》世代はビジネスの宝庫	阪本節郎	「オジサン」と呼びかけられても、自分のこととは気づかないシニアが急増のワケに迫る!	880円	670-1	D
常識はずれの増客術		中村元	資金がない、売りがない、場所が悪い……崖っぷちの水族館を、集客15倍増にした成功の秘訣	840円	671-1	C
イギリス人アナリスト日本の国宝を守る	雇用400万人、GDP8パーセント成長への提言	デービッド・アトキンソン	日本再生へ、青い目の裏千家が四百万人の雇用創出と二兆九千億円の経済効果を発掘する!	840円	672-1	C
イギリス人アナリストだからわかった日本の「強み」「弱み」		デービッド・アトキンソン	日本が誇るべきは「おもてなし」より「やわらか頭」! はじめて読む本当に日本のためになる本!!	840円	672-2	C
三浦雄一郎の肉体と心	80歳でエベレストに登る7つの秘密	大城和恵	日本初の国際山岳医が徹底解剖!! 普段はメタボ…「年寄りの半日仕事」で夢を実現する方法!!	840円	673-1	B
回春セルフ整体術	尾骨と恥骨を水平にすると愛と性が甦る	大庭史榔	105万人の体を変えたカリスマ整体師の秘技!! 薬なしで究極のセックスが100歳までできる!	840円	674-1	B
「腸内酵素力」で、ボケもがんも寄りつかない		髙畑宗明	アメリカでも酵素研究が評価される著者による腸の酵素の驚くべき役割と、活性化の秘訣公開	840円	676-1	B
実録・自衛隊パイロットたちが目撃したUFO	地球外生命は原発を見張っている	佐藤守	飛行時間3800時間の元空将が得た、14人の自衛官の証言!! 地球外生命は必ず存在する!	890円	677-1	D
臆病なワルで勝ち抜く!	日本橋たいめいけん三代目「100年続ける」商売の作り方	茂出木浩司	色黒でチャラいが腕は超一流! 創業昭和6年の老舗洋食店三代目の破天荒成功哲学が面白い	840円	678-1	C

表示価格はすべて本体価格(税別)です。本体価格は変更することがあります

講談社+α新書

書名	著者	内容	価格	番号
「リアル不動心」メンタルトレーニング	佐山聡	初代タイガーマスク・佐山聡が編み出したストレスに克つ超簡単自律神経トレーニングバイブル	840円	680-1 A
人生を決めるのは脳が1割、腸が9割！ 「むくみ腸」を治せば仕事も恋愛もうまく行く	小林弘幸	「むくみ腸」が5ミリやせれば、ウエストは5センチもやせる、人生は5倍に大きく広がる!!	840円	681-1 B
「反日モンスター」はこうして作られた 狂暴化する韓国人の心の中の怪物〈ケムル〉	崔碩栄	韓国社会で猛威を振るう「反日モンスター」が制御不能にまで巨大化した本当の理由とは!?	890円	682-1 C
男性漂流 男たちは何におびえているか	奥田祥子	婚活地獄、仮面イクメン、シングル介護、更年期。密着10年、哀しくも愛しい中年男性の真実	880円	683-1 A
親の家のたたみ方	三星雅人	「住まない」「貸せない」「売れない」実家をどうする？ 第一人者が教示する実践的解決法!!	840円	684-1 A
昭和50年の食事で、その腹は引っ込む なぜ1975年に日本人が家で食べていたものが理想なのか	都築毅	東北大学研究チームの実験データが実証したあのころの普段の食事の驚くべき健康効果とは	840円	685-1 B
こんなに弱い中国人民解放軍	兵頭二十八	核攻撃は探知不能、ゆえに使用できず、最新鋭の戦闘機200機は「F-22」4機で全て撃墜さる!!	840円	686-1 C
巡航ミサイル1000億円で中国も北朝鮮も怖くない	北村淳	世界最強の巡航ミサイルでアジアの最強国に!! 中国と北朝鮮の核を無力化し「永久平和」を！	920円	687-1 C
私は15キロ痩せるのも太るのも簡単だ！ クワバラ式体重管理メソッド	桑原弘樹	ミスワールドやトップアスリート100人も実践!! 体重を半年間で30キロ自在に変動させる方法！	840円	688-1 B
「カロリーゼロ」はかえって太る！	大西睦子	ハーバード最新研究でわかった「肥満・糖質・酒」の新常識！ 低炭水化物ビールに要注意!!	800円	689-1 B
銀座・資本論 21世紀の幸福な「商売《あきない》」とはなにか？	渡辺新	マルクスもピケティもていねいでこまめな銀座の商いの流儀を知ればビックリするハズ!?	840円	690-1 C

表示価格はすべて本体価格（税別）です。本体価格は変更することがあります

講談社+α新書

書名	著者	内容	価格	番号
専業主婦で儲ける！ サラリーマン家計を破綻から救う世界一シンプルな方法	井戸美枝	「103万円の壁」に騙されるな。夫の給料UP、節約、資産運用より早く確実な生き残り術	840円	703-1 D
75・5%の人が性格を変えて成功できる 心理学×統計学「ディグラム性格診断」が明かす〈あなたの真実〉	木原誠太郎×ディグラム・ラボ	怖いほど当たると話題のディグラムで性格タイプ別に行動を変えれば人生はみんなうまくいく	880円	704-1 A
10歳若返る！ トウガラシを食べて体をねじるダイエット健康法	松井薫	美魔女も実践して若返り、血流が大幅に向上!! 脂肪を燃やしながら体の内側から健康になる!!	840円	708-1 B
「絶対ダマされない人」ほどダマされる	多田文明	「こちらは消費生活センターです」「郵便局です」……ウッカリ信じたらあなたもすぐエジキに！	840円	705-1 C
熟成・希少部位・塊焼き 日本の宝・和牛の真髄を食らい尽くす	千葉祐士	牛と育ち、肉フェス連覇を果たした著者が明かす、和牛の美味しさの本当の基準とランキング	880円	706-1 B
金魚はすごい	吉田信行	かわいくて綺麗なだけが金魚じゃない。金魚が「面白深く分かる本」金魚ってこんなにすごい！	840円	707-1 D
なぜヒラリー・クリントンを大統領にしないのか？	佐藤則男	グローバルパワー低下、内なる分断、ジェンダー対立。NY発、大混戦の米大統領選挙の真相。	880円	709-1 C
ネオ韓方 女性の病気が治るキレイになる「子宮ケア」実践メソッド	キム・ソヒョン	元ミス・コリアの韓方医が「美人長命」習慣を。韓流女優たちの美肌と美スタイルの秘密とは!?	840円	710-1 B
中国経済「1100兆円破綻」の衝撃	近藤大介	7000万人が総額560兆円を失ったと言われる今回の中国株バブル崩壊の実態に迫る！	760円	711-1 C
会社という病	江上剛	人事、出世、派閥、上司、残業、査定、成果主義……。諸悪の根源＝会社の病理を一刀両断！	850円	712-1 C
GDP4%の日本農業は自動車産業を超える	窪田新之助	2025年には、1戸あたり10ヘクタールに!! 超大規模化する農地で、農業は輸出産業になる！	890円	713-1 C

表示価格はすべて本体価格（税別）です。本体価格は変更することがあります

講談社+α新書

中国が喰いモノにするアフリカを日本が救う
200兆円市場のラストフロンティアで儲ける
ムウェテ・ムルアカ
世界の嫌われ者・中国から〝ラストフロンティア〟を取り戻せ！　日本の成長を約束する本!!
840円 714-1 C

インドと日本は最強コンビ
サンジーヴ・スィンハ
天才コンサルタントが見た、日本企業と人々の「何コレ!?」——日本とインドは最強のコンビ
840円 715-1 C

血液をきれいにして病気を防ぐ、治す
50歳からの食養生
森下敬一
なぜ今、50代、60代で亡くなる人が多いのか？　身体から排毒し健康になる現代の食養生を教示
840円 716-1 B

OTAKU《オタク》エリート
2020年にはアキバ・カルチャーが世界のビジネス常識になる
羽生雄毅
世界で続出するアキバエリート。オックスフォード卒の筋金入りオタクが描く日本文化最強論
750円 717-1 C

男が選ぶオンナたち　愛され女子研究
おかざきなな
なぜ吹石一恵は選ばれたのか？　1万人を変身させた元芸能プロ社長が解き明かすモテの真実！
840円 718-1 A

阪神タイガース「黒歴史」
平井隆司
伝説の虎番が明かす！　お家騒動からダメ虎誕生秘話まで、抱腹絶倒の裏のウラを全部書く!!
840円 719-1 C

ラグビー日本代表を変えた「心の鍛え方」
荒木香織
「五郎丸ポーズ」の生みの親であるメンタルコーチの初著作。強い心を作る技術を伝授する
840円 720-1 A

SNS時代の文章術
野地秩嘉
「文章力ほんとにゼロ」からプロの物書きになった筆者だから書けた「21世紀の文章読本」
840円 721-1 C

ゆがんだ正義感で他人を支配しようとする人
梅谷薫
SNSから隣近所まで、思い込みの正しさで周囲を操ろうと攻撃してくる人の心理と対処法!!
840円 722-1 A

男が働かない、いいじゃないか！
田中俊之
注目の「男性学」第一人者の人気大学教員から若手ビジネスマンへ数々の心安まるアドバイス
840円 723-1 A

爆買い中国人は、なぜうっとうしいのか？
陽陽
「大声で話す」「謝らない」「食べ散らかす」……日本人が眉を顰める中国人気質を解明する！
840円 724-1 C

表示価格はすべて本体価格（税別）です。本体価格は変更することがあります